이 책에 보내는 찬사

큰 소리로 웃다 보면 어느새 많은 것을 배우게 됩니다!
《닥터 K의 이상한 해부학 실험실 Kay's Anatomy》 저자 애덤 케이

우리의 정체성을 알 수 있는 훌륭한 책입니다.
흥미진진하고 과학적인 사실로 가득하고, 열 살인 제 아들도
재밌게 볼 수 있을 것 같아요.
《인류의 위대한 여행 Human Journey》 저자 앨리스 로버츠

재미있고 엉뚱하면서도, 과학적으로 매우 엄밀해서
놀라움과 감탄을 불러일으키는 책입니다. 그 어떤 것보다도 더 나은 세상을
만들 수 있는 책입니다.
《아이코 작전 Operation Ouch》 시리즈 저자 크리스 반 툴레켄

유전자와 진화라는 딱딱한 주제를 이렇게 재미있게 풀어낼 수 있는 사람은
오직 '애덤 러더퍼드'뿐입니다!
《모든 것을 위한 완벽한 가이드 Rutherford and Fry's Complete Guide to
Absolutely Everything》 저자 한나 프라이

우리가 누구이며, 어떻게 여기까지 왔는지에 관한 매력적이고 유쾌한 가이드입니다!
《10월, 악토버 October, October》 저자 카티야 발렌

모든 학교 도서관에 있어야 할 정도로 유익하고 재밌습니다.
깔깔대며 읽으면서 배웠어요.
《우리들의 종달새 Larkr》 저자 앤서니 맥가원

너와 내가 생겨난 40억 년의 진화 이야기

편견 없는 유전자

애덤 러더퍼드 지음 | 안주현 옮김

다산북스

우리는 진짜 어디에서 왔을까?

이 책의 원래 제목은 《Where are you really from?》입니다. 우리말로 풀자면, '당신은 정말 어디에서 왔나요?' 또는 '당신은 진짜 어디 출신인가요?' 정도가 될 수 있어요. 이 질문에는 어떤 의미가 담겨 있을까요?

혹시 '당신은 여기 사람이 아니군요.', '당신은 우리와 다르군요.', '당신은 이곳에 속하지 않아요.', '그런데 당신은 왜 여기에 있는 거죠?' 등의 의미가 느껴지지는 않나요?

사실 이 질문은 2022년 영국에서 큰 사회적 문제가 되었습니다. 영국 왕실 행사에 참석한 저명한 자선 단체장에게 왕실 고위 인사가 똑같은 질문을 했거든요. 질문 받은 사람은 영국에서 태어나고 자란 영국인이라고 대답했지만, 질문자는 그녀가 흑인이라는 이유로 아프리카 어느 지역에서 온 것이냐고 재차 물었습니다. 이 사건은 굉장히 무례한 인종 차별 사례로 세상에 알려졌습니다. 실제로 'Where are you really from?'은 유럽이나 미국에 사는 유색 인종들이 자주 듣는 질문이며, 이에 불쾌함과 상처를 느낀 사람들의 인터뷰도 많이 찾아볼 수 있습니다.

이는 백인과 유색 인종의 사회적인 위치와 차이를 규정짓는 편견이 담긴 질문입니다. 인종은 아무런 과학적 근거가 없고, 개인이 어떤 사람인지 전혀 드러낼 수 없는데도 말이지요.

이 책의 저자인 애덤 러더퍼드 역시 영국에서 태어나고 자란 영국인이지만, 남아메리카의 가이아나에서 태어난 인도계 어머니와 영국에서 태어나 뉴질랜드에서 자란 아버지의 영향으로 백인은 아닙니다. 유전학자인 애덤은 자신의 전공인 생물학적 지식을 바탕으로 이 질문의 문제점을 명쾌하고 설득력 있으면서도 재미있고 신랄하게 드러냅니다. 과학적 연구에 따르면, 우리 호모 사피엔스는 99퍼센트 이상의 유전자를 공유하며, 인류의 가계도를 거슬러 올라가 보면 결국 모든 인류는 하나라는 것을 알게 되지요.

이 책의 가장 큰 매력은 말해야 하는 것을 피하지 않고 흥미로운 과학적 설명으로 맞선다는 것입니다. 저자는 지구의 탄생과 생명의 역사, 인류의 진화 과정과 생물학적 사실을 단단하게 엮어 기반을 만들고, 세계사와 함께 문화, 스포츠 등 현재 사례들을 충분히 제시하여 독자의 이해를 돕습니다. 그 과정을 따라가다 보면, 인류가 겪어 온 오랜 편견과 고정 관념을 걷어 내고, 우리가 정말 어디에서 왔으며 어디로 나아가야 하는지에 대해 진정한 과학적 통찰을 깨달을 수 있습니다.

저자가 직접 이야기로 들려주듯이 과학을 쉽게 설명하고자 한 책이기에, 번역할 때도 이 부분을 염두에 두었습니다. 또한 저자는 유럽의 역사적 사실과 인물을 사례로 들어 설명하였으나, 우리나라 독자들의 이해를 돕기 위해 원서의 의미를 해치거나 축소하지 않고, 누가 되지 않는 범위 내에서 우리나라 사람들에게 더욱 익숙한 사례를 더했습니다. 흥미롭게 쓰인 이 책의 매력이 부디 한국 독자들에게도 잘 전해지기를 바랍니다.

안주현

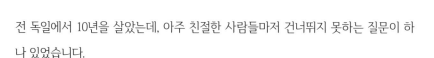

전 독일에서 10년을 살았는데, 아주 친절한 사람들마저 건너뛰지 못하는 질문이 하나 있었습니다.

"너는 어디에서 왔니?"

저도 마찬가지입니다. 한국에서 만나는 다양한 외국인들에게 결국에는 이 질문을 하고야 말지요. 이 질문 뒷면에 숨어 있는 복합적인 의미, 역사적이고 생물학적인 논쟁을 고민하지 못해서 생기는 실수입니다. 이 모든 게 《편견 없는 유전자》를 이제야 펴낸 애덤 러더퍼드 탓입니다.

러더퍼드는 생물학적인 관점에서 유전학의 복잡성을 분석하며, 인간 집단 사이의 차이를 우리가 어떻게 오해하고 있는지, 그로 인해 어떤 나쁜 결과가 생기는지 설명합니다. 그는 유전자 데이터를 통해서 우리가 매우 밀접하게 연결된 한 종임을 과학적으로 입증하면서, 인종이라는 개념은 생물학적인 근거가 없는 사회적 허구임을 강조합니다. 더 나아가 현대 유전학 기술이 인류의 기원을 한편에서는 더 잘 이해시키지만, 자칫하면 차별과 편견을 정당화하는 수단으로 남용될 가능성도 경고하지요.

그렇다면 우리는 "너는 어디에서 왔니?"라고 왜 물을까요? 단순한 호기심 때문일 수도 있습니다. 하지만 이 질문이 사회적 배제와 차별을 경험하게 하는 중요한 문제의 시작임을 깨달아야 합니다. 인종적 정체성은 사회적으로 구성된 개념으로 그 역사적 뿌리가 깊지요. 현대 사회에도 여전히 존재하는 인종이나 민족을 나누는 경계선이 우리가 서로를 이해하고 존중하는 데 방해가 됩니다.

이런 오해에서 우리를 구원할 무기는 무엇일까요?

사람들이 잘못된 개념과 편견에서 벗어날 힘을 줄 수 있는 것은 바로 올바른 과학 교육입니다. 유전학을 정확히 이해하면 우리는 단순한 사실을 넘어서 모든 사람이 갖는 존엄성을 인식하고 서로 존중하게 됩니다. 물론 교육자들이 과학을 가르칠 때 윤리적이고 인간적인 관점을 가져야 합니다. 저자 애덤 러더퍼드와 옮긴이 안주현은 과학 교육이 단순히 정보를 전달하는 데 그치는 것이 아니라 사람들에게 비판적 사고를 심어 주는 도구가 되어야 한다고 역설하지요.

저는 이 책을 읽으면서 나의 뿌리를 탐구하는 동시에 타인의 뿌리를 더 이해하고 존중할 책임감을 갖게 되었습니다. 독자는 책의 마지막 페이지를 덮는 순간 우리가 서로에게 던지는 질문 하나가 얼마나 깊은 영향을 끼칠 수 있는지 깨달은 자신을 발견하게 될 것입니다.

이정모 (전 국립과천과학관장)

차례

이야기의 출발
우리는 누구일까? 11

CHAPTER 1
옛날 옛적에 19

CHAPTER 2
적응하거나 죽거나! 35

CHAPTER 3
진화의 발자국 53

CHAPTER 4
하나의 거대한 생명의 나무 75

CHAPTER 5
왕과 여왕의 등장! 91

CHAPTER 6
타고난 피부 ································· 109

CHAPTER 7
피부색에 관한 진실 ············· 123

CHAPTER 8
인종이란 무엇일까? ············· 137

CHAPTER 9
네가 왔던 곳으로 돌아가! ······· 149

CHAPTER 10
고정 관념 깨기 ················· 169

마지막 이야기
끝이 아닌 당신의 이야기 ······· 185

이야기의 출발

우리는 누구일까?

혹시 여러분은 살면서 내가 유명한 사람과 친척은 아닐까 생각해 본 적 없나요?
나를 귀찮게 하는 여동생, 씻기 싫어하고 냄새나는 오빠, 외국에 살아서 한 번도
만난 적은 없지만 생일마다 꼬박꼬박 용돈을 주는 삼촌……보다 훨씬 흥미로운
사람이 내 친척 중에 있지 않을까?

이제 더는 궁금해하지 마세요. 여러분을 놀라게 할 비밀을 알려 줄 테니까요.

여러분은 부모님, 형제자매, 삼촌과 가까운 가족이기도 하지만,

동시에 **사나운 바이킹이나 위풍당당한 황제, 이집트의 파라오,
위대한 여왕이나 무능력한 왕의 후손이기도 합니다.**

네, 맞아요. **폐하, 당신은 정말로 100퍼센트 진짜 왕의 후손입니다.**
그래서 특별하죠. 사실, 우리 모두 특별합니다. 그렇다면 지금부터 왜 그런지에
대해 알아보도록 해요.

우리는 이제부터 수백만 년의 인류 역사 속으로 특별한 모험을 떠날 거예요.
인류의 시작에서 더 거슬러 올라가 지구 생명체의 시작, 나아가 지구의
탄생까지도요. 벌레와 비슷한 모습의 고대 바다 생물부터 털북숭이 유인원과
그보다는 털이 적은 왕과 여왕들까지, 우리의 조상이었던 모든 종류의 생명체를
만나게 될 것입니다. 인류가 처음 등장했던 아프리카에서 어떻게 전 세계로
멀리 이동했는지도 배울 거예요.

그 과정에서 우리가 인류의 이야기를 이해하는 데에 과학이 어떻게 도움이
되는지 **놀라운 발견**을 하게 될 거예요. 이를테면 우리가 인류라는 가족의
일원인 것은 피부색이나 언어, 고향과는 관계없이 모두 같은 조상의 자손이기
때문이라는 사실 같은 것들 말이에요.

이런 놀라운 지식으로 무장하면 사람들이 어디에서 왔는지, 인종이란 무엇이고
인간이 된다는 것은 실제로 무엇을 의미하는지에 대한 일반적인 생각을 깨뜨릴
수 있습니다. 한뿌리를 중시하는 과도한 민족주의에 빠지는 걸 막을 수도
있어요. 아마 진정한 '우리'에 대해 다양한 의미로 생각해 보는 계기가 될
것입니다. 그리고 가족과 친구들에게 지금까지 살아온 모든 사람의 엄청난
이야기(역대급 실화)를 해 줄 수 있을 거예요. 여러분도 그 이야기의 일부이기
때문이지요.

우리(작가들)는 어디에서 왔을까?

애덤 R

제 이름은 애덤 러더퍼드고 과학자입니다. 자연과 역사에 대해 알아가는 것을 무척 좋아해요. 이 두 가지를 결합하면 결국 지구 생명체의 역사인 **진화**를 공부하게 됩니다. 저는 많은 책을 썼고, 텔레비전과 라디오 프로그램을 진행하면서 과학을 탐구하고 있습니다.

이 엄청난 여정에서 저는 여러분의 안내자가 될 예정입니다. 하지만 저를 비롯한 많은 과학자가 혼자서는 모든 것을 하지 못한다는 사실을 알고 있습니다. 그래서 우리의 여정을 도와줄 훌륭한 전문가를 모아 팀을 만들었습니다.

에마 노리는 청소년을 위한 많은 책을 쓴 멋진 작가예요. 제가 여러분에게 이야기를 더 잘 전달하도록 도움을 주었습니다.

애덤 밍은 멋지고 재미있는 만화와 그림을 그리는 예술가입니다. (맞아요, 혼란스럽게도 애덤이 두 명이나 있습니다!)

때로는 어떤 말보다도 그림이 더 효과적이기 때문에 에마나 애덤의 이야기가 많은 도움이 될 거예요.

우리 세 사람은 모두 말과 그림, 과학을 통해 이야기하는 것을 좋아합니다.

에마 노리

애덤 M

팀이라서 가장 좋은 점은 우리의 출신과 정체성이 서로 달라서 **다양한 것**을 이야기할 수 있다는 점입니다.

애덤 R: 저는 영국인과 가이아나계 인도인 사이에서 태어났습니다. 아버지는 영국 요크셔 출신이지만 뉴질랜드에서 자랐고, 어머니는 인도인이지만 남아메리카의 가이아나에서 태어났습니다. 저는 영국 서퍽에서 아버지, 새어머니, 여동생 한 명, 의붓형제 두 명, 이복동생 한 명과 함께 자랐어요. 새어머니는 에식스 출신이고, 새어머니의 아버지는 리버풀 출신의 러시아계 유대인이에요. 저는 지금 런던에서 세 자녀와 고양이 한 마리, 개 한 마리와 살고 있습니다. 저는 과학, 크리켓, 슈퍼히어로 영화, 만화를 좋아합니다.

에마: 저는 웨일스의 카디프에서 태어났어요. 반은 유대인이고 반은 카리브해 출신입니다. 어린 시절에는 이사를 많이 다녔지만, 지금은 남편과 십 대 아이 둘과 함께 영국 본머스에 살고 있습니다. 역사, 태국 음식 요리하기, SF와 갱스터 영화를 좋아합니다.

애덤 M: 저는 애덤 밍이고, 그림을 그려요. 여러분이 그림으로 즐겁게 배우기를 바라며, 사람들이 정말로 말하고자 하는 것을 나타낼 수 있도록 수천 장의 그림을 그렸습니다. 저는 아버지 쪽에서 받은 50%는 중국인이고, 어머니 쪽은 영국과 스페인이나 포르투갈의 조상도 있지만 정확하게는 알 수 없어요. 그래서 저는 제가 어디에서 왔는지 모르겠어요.

이게 바로 저희입니다. 이제 여러분의 차례예요.

당신의 고향은 어디인가요?

쉽게 대답할 수 있기를 바랍니다. 아마 런던이나 서울, 부산, 바르셀로나, 파리,
베를린 등에 살고 있겠지요. 우리가 흔히 알고 있는 곳들 말이에요.
하지만 누군가 당신에게 '네, 그런데 **당신은 진짜 어디에서 왔나요?**'라고
질문한 적이 있나요? (외국 여행을 가 봤다면 들어봤을지도 모르겠네요.)

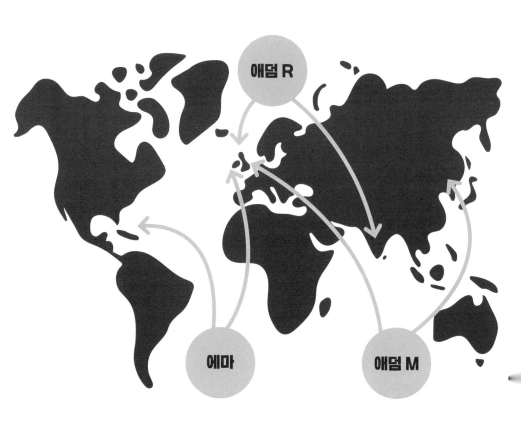

저는 어렸을 때 이런 질문을 꽤 많이 받았어요. 저처럼 갈색 피부를 가진 사람이 많지 않은 영국 시골 마을에서 자랐거든요. 요즘은 훨씬 줄어들긴 했지만, 사람들은 여전히 이런 질문을 주고받습니다.

이렇게 묻는 건 실제로 어떤 뜻이 담겨 있을까요? 특히 영국에서 태어나 살고 있더라도, 과거에 다른 나라에서 살다 온 가족을 둔 사람들만 이런 질문을 받는다는 것이 재미있는 부분입니다. 대다수 영국인과는 다른 특징을 가진 사람들도 마찬가지입니다. 피부나 머리카락 색깔 같은 것 말이에요.

모든 사람은 특별하기 때문에 각자의 이야기는 다 다릅니다. 당신은 "지구 출신이에요."라고 답할 수도 있어요. 사실이니까요. 사람들은 다 달라요. 저는 그게 멋지다고 생각합니다. 모두가 똑같다면 굉장히 지루할 거예요. 이 책에서 우리는 모든 사람이 어디에서 왔는지 아주 깊게 들여다볼 것입니다. 다양한 피부색과 머리카락 색을 가진 모든 사람에 대해서 알아본다는 뜻이기도 하지요. 왜 살펴봐야 할까요? 만약 충분히 거슬러 올라간다면, 우리가 진짜로 어디에서 왔는지에 대한 진실은 당신이 상상했던 것보다 훨씬 더 **매혹적이고 복잡하며 경이롭다는 사실을 알 수 있기 때문**입니다.

이것은 지구 생명체의 이야기이며

여러분 한 명 한 명이 이야기의 큰 부분입니다.

당신의 몸속 구석구석에는

인류 역사 전체의

이야기가 담겨 있거든요.

CHAPTER 1

 옛날 옛적에

여정을 시작하기 위해 우선, 가장 **처음**으로 돌아가
볼까요?

우리는 앞으로 진화가 어떻게 일어나고, 과학자들이
지구 생명체를 이해하기 위해 어떤 노력을 해왔는지에
대해 이야기하려고 합니다.

저는 여러분이 **정말로 어디에서 왔는지** 알려 주고 싶어요.

각자의 집이나 동네, 지역, 국가를 말하는 게 아니에요.

40억 년을 거쳐 온 진화의 결과가 바로 당신입니다. 이는 생명이나
진화에만 관련된 것이 아니라 육지, 바다, 행성, 달 그리고 사실상 태양계 전체에
관한 이야기예요. 여러분이 이제까지 들어본 중 가장 길고 거대한 이야기이기
때문에 맨 처음부터 시작해야 합니다.

우주는 약 138억 년 전에 시작되었습니다. 너무 긴 시간이라 머릿속으로
계산하기에는 꽤 어려울 겁니다. 간단히 계산해 보면, 지금부터 잠을 자거나
음식을 먹지 않고 숫자를 1초에 한 개씩 꾸준히 세기 시작한다고 가정했을 때,
138억까지 세는 데 약 450년이 걸립니다. 그러니까 간단하게 말하자면,
굉장히 오래전의 일입니다.

138억 년 전 우주는 우리 대부분이 이해하기 어려운,
어쩌면 불가능하다고 생각할 수도 있는 무(無)에서
시작되었습니다.

20

빅뱅이라는 엄청난 폭발이 일어났고, 우주에 존재하는
공간과 시간과 물질이 순식간에 생겨났어요.

빅뱅은 우리 우주의 공간과 시간에서 일어난 최초의 사건으로, 그 이전에는
아무것도 없었습니다. 빅뱅이 일어난 순간부터 시간이 시작되었기 때문입니다.
대체 무슨 소리인가 싶겠지만, 이렇게 생각해 보세요.

태어나기 전의 당신은 어떤 모습이었나요?

정답은 당신이 존재하지 않았기 때문에 당신은 아무 모습도 아니었다는
것입니다. 다시 말하자면, 빅뱅 이전에는 아무것도 없었습니다. 우주는 빅뱅으로
탄생했고, 그 전에는 존재하지 않았으니까요.
물론 다른 주장도 있습니다. 우주가 영원하다거나 수십억 년에 걸쳐 반복되는
빅뱅이 여러 번 있었다는 것 등이지요. 하지만 대부분의 과학자는 빅뱅이
우주의 시작이라고 생각합니다.

재미있는 사실!

소리는 공기를 통해 전달되는데, 우주에는 공기가 없어서 빅뱅이
일어날 때 소리가 날 수 없었습니다. 그래도 우주의 모든 것을
만들어 낼 정도로 엄청난 사건이었지요. 그러니까 빅뱅은 분명
거대한 폭발이었지만, 큰 소리가 나는 폭발은 아니었어요!

태양의 탄생

그 후로 80억 년 동안 별다른 일은 일어나지 않았습니다. (사실 아무 일도 일어나지 않은 것은 아니고, 별과 행성, 은하가 끊임없이 만들어져서 어둠을 빛으로 물들였지만, 이 이야기에서는 중요하지 않습니다.) 그러다가 약 50억 년 전 우리 은하에서 별이 만들어지기 시작했습니다. 우주의 다른 별들에 비하면 아주 미미했지만 이 작은 별은 우리의 태양이 될 것입니다. 헬륨과 수소로 이루어진 이 거대한 구름은 **거대한 은하계 방귀**처럼 우주에서 소용돌이치다가 결국 중력 때문에 불타는 듯한 뜨거운 공 모양으로 응축되었습니다.

이것이 우리 태양 진화의 시작입니다. 비록 처음 만들어졌을 때는 지금보다 작고 어두웠지만요.

별이 만들어질 때 종종 남은 조각들은 별 주위를 공전하게 되는데, 때로 조각끼리 천천히 충돌하여 달라붙기도 합니다. 이것이 충분히 커지면 돌덩이가 되고, 그다음에는 바위가 되고, 그다음에는 소행성이 되고……, 마침내 행성이 만들어지게 되는데, 이 과정을 **강착**이라고 부릅니다.

태양계의 모든 행성은 이런 방식으로 만들어졌습니다. 우리의 고향인 지구는 약 45억 년 전에 형태를 갖추기 시작했어요. 물론 지금과는 전혀 다른 모습이었지요. 당시에는 물과 대기가 없었고, 하늘에서는 운석이 아주 강하게 쏟아져 내리고, 화산 폭발로 암석이 끓어올랐습니다. 단단한 바위조차 며칠에 한 번씩, 호수에 언 얼음이 깨지듯 증발해 버릴 정도였습니다. 그야말로 지옥 같은 모습이었지요.

만약 그곳으로 시간 여행을 간다면 발이 땅에 닿는 순간 바로 죽게 될 겁니다.
사실 그곳에는 땅도 없고, 녹아 버린 철과 바위뿐이니 도착하는 즉시 바삭하게
타 버리거나, 운석에 맞아 부서지거나, 증발해 버리고 말 거예요.
그러니 45억 년 전으로의 시간 여행은 결코 좋은 선택이 아니에요. 초기의 어린
지구는 생명체가 존재할 수 있는 곳이 아니었으니까요.

최악의 날, 그리고 달

사실 훨씬 더 나쁜 상황도 있었습니다.
지구가 만들어지고 약 5000만 년 후, **사상 최악의 날**을
보냈거든요.
아침에 일어났는데 기분이 안 좋고, 비가 내립니다.
우유도 없고, 숙제도 못 했고, 학교에 지각까지 하는 날,
모든 것이 다 짜증 나는 그런 날이 있지요?
이날은 훨씬 심했습니다. 화성 크기의 거대한 암석이 우주를
가로질러 돌진해 오고 있었거든요. 과학자들은 이 암석을 '테이아'라고
불렀습니다. 사랑스럽고 예쁜 이름이지만, 이후에 일어난 일을 생각하면
완벽하게 부적절한 이름이었지요. 테이아는 우리의 아기 행성인 지구에
역사상 가장 강하게 **충돌**했습니다. 충돌은 지구의 위쪽 꼭대기에서
일어났는데, 어찌나 세게 때렸는지 지구의 수직축이 현재와 같이
약 23도만큼 기울었습니다. 그 결과 대부분의 행성은 수직축을
중심으로 자전하지만, 지구는 비스듬히 기울어진 상태로
자전하고 있습니다.

달을 볼 때마다 테이아에게
감사 인사를 건네 보세요.
알고 보면 엄청난 파괴를
일으킨 것이 아니라
오늘날 우리가 살고 있는
행성을 만들어 준 셈이니까요.

고마워요, 테이아!

충돌로 지구에서 떨어져 나간 덩어리는 우주로 날아갔지만,
지구의 중력 때문에 멀리 가지는 못하고 우주에서 배회했습니다.
그러다 얼마 후 바윗덩어리는 안정되었고, 둥글게 뭉쳐서 **달**이
되었습니다. 오늘날 달의 중력은 지구에 밀물과 썰물을 일으켜 생명체가
번성하게 하고, 박쥐, 오소리, 여우 등 모든 야행성 생물들을 위한 빛이
되어 줍니다.
또한 기울어진 지구의 자전축은 계절 변화의 원인이기도 합니다.
비록 테이아*는 엄청나게 파괴적인 사건을 일으켰지만, 지금 우리가
누리고 있는 행성을 탄생시킨 것도 테이아입니다.

* 테이아(Theia): '신성한'이라는 뜻의 그리스어로, 하늘의 신 우라노스와
땅의 여신 가이아의 딸이다.

지구가 태양 주위를 회전할 때, 지구에 닿는 태양 빛의 양이 계속 달라집니다. 기울어진 자전축 때문에 여름에는 태양 빛을 더 많이 받아서 더워지는 거예요. 달과 태양은 생명체가 존재하는 데 매우 중요합니다.

혜성 비

테이아와의 충돌 이후 약 3억 년 동안 지구는 여전히 끔찍한 곳이었습니다. 우주에서 유성과 혜성이 너무 자주 쏟아져서 육지와 바다가 몇 주에 한 번씩 증발해 버렸지요. 게다가 지표는 끊임없이 녹아내리고 변화했습니다. 지질학자들은 이때를 그리스 신화에 나오는 저승의 왕 하데스(명왕)의 이름을 따서 '명왕누대(하데안기)'라고 부릅니다. 그때의 지구는 **가장 최악의 휴가지**였던 것이죠.

가장 최악의 휴가지

명왕누대

지구

물론 하루 사이에 일어난 일이 아니고, 우리가 온전히 이해할 수 없는 시간대의 이야기입니다. 그래도 떨어지던 유성은 멈췄고, 바다가 식고 안정되면서 육지가 만들어지기 시작했어요. 지금으로부터 약 40억 년 전의 일입니다.

지구의 온도가 내려가면서 상황이 안정되자 곧 **생명이 시작되었습니다.** 이것을 어떻게 알아냈을까요? 거의 그 정도로 오래된 고대의 암석에서 미세한 고리 모양 세포 화석을 발견했거든요.

루카(LUCA) - 모든 생명체의 시작

아직 확신할 수는 없지만, 저를 포함한 많은 과학자들은 생명체가 바다 밑바닥에서 시작되었다고 생각합니다. 물론 빛과 번개가 있는 지표면에서 시작되었다고 생각하는 과학자들도 있습니다. 또 어떤 사람들은 생명체가 우주에서 왔다고 생각하기도 해요! 하지만 과학에서는 실험이나 관찰을 통해 알아낸 것들과 일치하는 설명을 찾기 위해 노력합니다.

초기 연구에서는 번개와 빛 등 지구 표면에 떨어지는 자극으로 인해 생명이 탄생했다고 여겼습니다. 하지만 좀 더 생각해 보면, 이 설명은 설득력이 떨어집니다. 번개 같은 강한 자극은 오히려 생물이 만들어지는 데 방해가 되었을 거예요. 또한 빛은 생명체가 살아가는 데 반드시 필요한 것도 아니어서 필수 조건이 아니기도 하고요. 우주에서 왔다는 주장은 재미있지만, 생명의 기원을 지구가 아닌 다른 곳으로 옮기는 것일 뿐 생명이 어떻게 시작되었는지에 대해서는 제대로 답하지 못하는 설명입니다. 만화나 영화에서는 좋은 설정이지만 과학에서는 그렇지 않죠.

26

생명의 기원을 가장 잘 설명할 수 있는 곳은 **바다**라고 생각합니다.
바다 깊은 곳에는 마치 살아 있는 세포처럼 거품을 내뿜는 암석이 있기
때문이에요. 해저에 있는 이 거대한 암석에는 미세한 구멍과 갈라진 틈이
가득한데, 여기에서 화학 반응이 일어나면서 생긴 기포가 솟구쳐 올라요.
영양분과 가스, 열에너지가 가득해서 굉장히 분주한 환경이지요.
우리 몸속 세포도 마치 작은 주머니에 에너지와 열, 음식물이 모두 압축되어
담겨 있는 것처럼 작동합니다. 바닷속의 이러한 환경이 오늘날 세포가 작동하는
방식과 비슷하기 때문에, 최초의 세포가 어떻게 나타났는지에 대한 좋은
설명이라고 생각합니다.
하지만 제가 틀릴 수도 있습니다. 언젠가 더 많은 실험을 해 보고, 더 많은
증거를 찾으면 지구에서 생명체가 어떻게 시작되었는지 더 잘 알게 될 것입니다.
과학자들은 틀리는 것을 좋아합니다. 이게 무슨 뜻일까요?

과학자는 모든 것을 알지 못한다

대부분의 과학자는 열심히 연구하고, 자신의 연구에 대해 매우 깊이
생각합니다. 그렇다고 모든 것을 다 아는 건 아닙니다. 과학은 답을 찾는
과정이며, 때로는 그 답이 옳지 않을 수도 있습니다. 괜찮습니다. 과학자가
할 수 있는 가장 중요한 말은 '모른다'예요. 저는 이 책 전체에서 '모른다'고
말하고 있습니다. 여러분도 선생님이나 친구에게 모른다고 말하는 것을
두려워하지 마세요. 언젠가 여러분이 다음 질문들에 대한 답을 알아내는
과학자가 될지 누가 알겠어요! 그리고 제가 오랫동안 궁금해하던 질문에
대한 답을 여러분이 알려 줄 수도 있겠죠.

최초의 생명체가 정확히 어떤 것이었는지는 모르지만, 몇 가지는 알 수 있습니다. 최초의 생명체는 **하나의 세포**로 이루어져 있었습니다. 현미경 없이는 볼 수 없을 정도로 작지만 화학 반응을 나타내는 박테리아처럼요. 우리는 이것을 '모든 생물의 공통 조상 **L**ast **U**niversal **C**ommon **A**ncestor' 의 약자인 루카(LUCA)라고 부릅니다. 여러분의 가족을 생각해 보세요. 부모님은 가장 최근의 조상이지만, 오직 나의 조상일 뿐입니다. 할머니는 여러분과 부모님 그리고 모든 손자, 손녀의 조상이지요.

LUCA

루카는 **지구상에 존재했던 모든 생명체의 할머니**입니다.

모든 생명체에는 여러분과 여러분의 반려동물, 강아지나 고양이, 햄스터, 냉장고 안의 브로콜리, 창밖의 나무, (지금 당장 버려야 할) 빵에 생긴 곰팡이, 어젯밤 엄마 차 앞 유리창에 똥을 싼 새와 그 똥에 있는 박테리아 등이 포함됩니다. 결국…… **모두 다요!**

생명의 나무

적어도 우리가 아는 한, 지금까지 알려진 모든 생명체는 루카를 뿌리로 하는 큰 가계도 아래 있습니다. 물론, 시작은 됐지만 살아남지 못한 다른 나무가 있었는지에 대해서는 알지 못하지만요.

어떤 과학자들은 우리가 발견하지 못한 또 다른 생물의 가계도가 존재할 수 있다고 주장합니다. 재미있는 이야기지만 어리석은 생각 같아서 저는 동의하지 않습니다. 하지만 여러분이 과학자가 되어 **제가 틀렸다는 사실**을 증명하는 일에 도전할 수 있어요!

루카는 지금의 우리와는 분명히 달랐어요. 거품이 많은 바다 밑바닥의 뜨거운 암석에서 자라는 작고 끈적끈적한 세포였습니다. 하지만 우리 몸 안에 있는 세포와 몇 가지 공통점이 있었어요.

루카는 유전자로 이루어진 DNA를 가지고 있었습니다.

DNA에는 생명체가 발생하고 기능하며 번식하는 데 필요한 지침이 담겨 있습니다. DNA는 기다란 실 같은 형태의 분자이며, 각각의 부분마다 생명체의 정보 조각들이 놓여 있습니다. 이러한 부분들이 바로 **유전자**입니다. 이 똑똑한 것들에 대해서는 다음 장에서 더 자세히 알아볼 거예요.

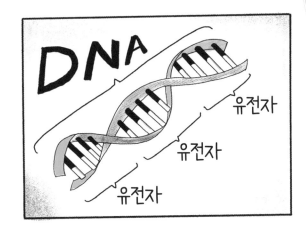

29

루카는 피부처럼 바깥쪽에 세포막이 있어 물질이 세포 안으로 들어오거나 나갈 수 있었을 것입니다. 그리고 섭취한 양분을 에너지로 전환하는 기본적인 **물질대사**를 했다고 추측합니다. 그러니까 루카는 물속의 화학 물질을 먹이 삼아 에너지를 얻은 거예요. 먹는 것은 모든 생명체가 해야 하는 일인데, 루카가 처음으로 그것을 해냈다고 생각한 거죠. 하지만 그때는 루카 말고는 아무것도 살아 있지 않았기 때문에 루카가 먹은 것은 오늘날 우리가 먹는 음식이 아니었다는 사실을 기억하세요. 단지 화산 분출구 근처에서 떠다니는 것들이었죠. 김밥, 카레, 햄버거, 감자칩이 아니라, 그냥…… 물질이었을 뿐이에요.

생물의 기본 규칙

생물의 기본 규칙 첫 번째는 '모든 생명체는 세포로 이루어져 있다.'입니다. 세포는 생명체의 기본 단위이면서 우리를 살아 있게 하는 다양한 기능을 수행합니다. 그렇지만 크기는 매우 작아서 현미경이 필요할 정도지요. 우리 몸은 크기와 모양이 다양한 약 100조 개의 세포로 구성되어 있어요. (사실 정확히 따진다면, 저는 대략 40조 개의 세포로 이루어져 있습니다. 여러분은 성인이 아니기 때문에 아마 그보다 적은 20조 개 정도의 세포로 되어 있을 수 있습니다. 하지만 세포는 너무 작아서 세기 어렵기 때문에 실제 정확한 수는 모릅니다.) 생물의 또 다른 규칙은 '세포는 기존 세포로부터만 태어날 수 있다.'는 것입니다. 새로운 세포는 세포가 아닌 것에서 만들어질 수 없습니다. 즉 지금까지 존재했던 모든 세포는 부모 세포가 분열해서 만들어진 또 다른 세포입니다.

그래서 여러분이 다쳐서 피부에 상처가 나거나 유치가 빠졌을 때 그 구멍을
메우는 세포는 다른 세포에서 만들어진, 또 다른 세포에서 만들어진, 또 다른
세포에서 만들어진 것입니다.

머리가 복잡하겠지만 이 말은 엄마의 난자였던 때까지 계속 거슬러 올라갈 수
있습니다. 이 난자가 나온 세포, 그 세포가 나온 다른 세포, 또 그 세포가 나온
다른 세포, 또 그 세포가 나온 다른 세포, 그리고 그리고 그리고…… 그렇게
40억 년 정도 거슬러 올라가면 루카까지 도달할 수 있습니다. 이 규칙에 한 가지
예외가 있다면, 그게 바로 루카입니다!

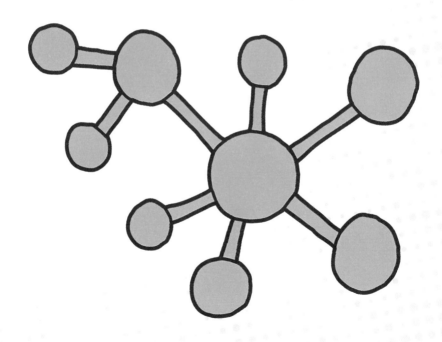

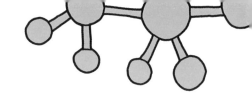

최초의 생물부터 오늘날 지구에서 볼 수 있는 다양하고 풍부한 생물에
이르기까지 생명체는 수십 억 년에 걸쳐 적응하고 진화해 왔습니다.
하지만 가장 처음으로 거슬러 올라가면 모든 생명체의 조상은 루카입니다.

32

그래서 '당신은 정말 어디에서 왔나요?'라는 질문에 대한 첫 번째 대답은……

'깊은 바다 밑 끓는 암석 안에 갇혀 있는 아주 작고 끈적한 세포에서'입니다.

…… 안타깝지만 그게 사실이에요, 여러분!

:열하는 중

타임머신 출시!

드디어 내 인생작이 완성되었어. 바로 세계 최초의 타임머신이야!

역시 똑똑한 과학자! 똑똑한 과학자!

어디로 갈까, 폴리? 과거든 미래든 다 가 볼 수 있어!

제일 처음으로 가 보자!

미래

과거

40억 년 전

잠깐, 폴리!!! 안 돼애애애애애!!

아아악, 너무 뜨거워!!!!!

CHAPTER 2

적응하거나 죽거나!

루카는 시작에 불과했습니다. 루카 이후 지구는 매우 활기차졌고, 바다는 생명으로 가득했습니다. 그렇다고 해도 고세균(박테리아와 매우 비슷하지만, 사실은 다른)처럼 하나의 작은 세포로 이루어진 단세포 생물만 존재했지요.

무언가 일이 일어나고 있었지만, 처음에는 별일 아닌 듯 보였습니다.

하지만 도토리 하나가 거대한 참나무로 자라고, 피터 파커가 스파이더맨으로 변신하는 것처럼, 작고 볼품없는 것이 놀라운 존재가 되기도 합니다.

약 20억 년 전, 세포는 더 이상 단세포에 머무르지 않고, 세포 덩어리로 뭉쳐지기 시작했습니다. **최초의 다세포 생물**이었어요.

수억 년이 또 지나면 이 세포 덩어리는 납작한 원반 모양이 되어 바다를 떠다닐 수 있게 됩니다. 그렇다면 이런 납작한 모습에서 좀 더 동물 같은 형태로는 어떻게 진화할 수 있었을까요?

세포 덩어리는 여전히 크기는 작았지만 배는 고팠어요. 하지만 원반처럼 평평한 모습으로 바다를 떠다니면 먹이를 구하는 게 쉽지 않습니다. 기본적으로 먹을 만한 것이 물에 떠오를 때까지 기다려야 하거든요. 음식을 입에 넣고 삼키는 게 아니라 음식 위에 누워서 먹어야 한다고 생각해 보세요. (저녁 식탁에서는 절대 시도하지 마세요. 만약 직접 해 보더라도 저를 탓하진 마시고요.)

먹을 것을 획득하는 더 좋은 방법은 원기둥 모양이 되는 거예요.

이런 모양이면 음식물을 붙잡아 둘 수 있습니다. 한쪽에서 음식을 먹고, 다른 쪽 끝으로 노폐물(배설물)을 배출할 수도 있지요. 다시 말해, 지구 생명체의 진화에서 굉장히 중요한 단계는 생명체가 **입과 항문**을 갖게 된 때였습니다.

그 당시 생물은 입과 항문이 있는 채로 떠다니며 먹이가 입으로 들어오기를
기다렸습니다. 지금도 거의 모든 동물은 이 두 가지를 다 갖고 있어요.

다른 걸 생각해 볼까요?
만약 움직일 수 있다면, 점심 식사가 도착할 때까지 기다리지 않고 내가 먼저
먹이에 다가갈 수 있겠죠. 꿈틀거리거나 지느러미로 헤엄쳐서요. 움직일 수
있다는 것은 다른 생물의 먹이가 되기 어렵다는 뜻이기도 하고요.
먹이를 찾는 데 유용한 것은 또 무엇이 있을까요? 냄새를 맡아서 음식을 찾을 수
있다면 어떨까요? 감자튀김 냄새를 맡는다면 맛있는 음식점을 찾을 수 있겠죠?
감각을 느끼는 것은 먹이를 찾을 때 정말 큰 도움이 됩니다.

볼 수 있는 것도 매우 유용하죠. 약 5억 년 전 어떤 바다 생물에게 시각이
나타났습니다. 처음에는 작은 벌레 같은 생물의 머리에 햇빛을 감지할 수 있는
세포 몇 개가 있을 뿐이었어요. 하지만 얼마 지나지 않아 이 세포는 여러
방향에서 오는 빛을 감지할 수 있는 작은 구멍으로 진화했습니다.
다시 얼마 후에는 빛을 감지하는 세포 위에 투명한 세포가 자리 잡아 빛을
집중시켜 주는 렌즈가 되었습니다.

수백만 년이 지난 후, 눈은 바닷속 동물계 전체로 퍼졌습니다. 생물들은 이리저리 헤엄쳐 다니며 먹이를 보고 쫓아갈 수 있게 되었고, 자신을 잡아먹으려는 포식자도 경계할 수 있었습니다.

그 생물들은 먹이를 보다 쉽게 찾고 적으로부터 재빨리 도망칠 수 있었기 때문에 더 많은 자손을 낳았을 것입니다. 생존 확률이 가장 높은 자손이 살아남고, 그 자손이 또 다른 자손을 낳는 식으로 생명이 지속되는 것, 그것이 바로 **진화**의 모습입니다.

시각, 청각, 후각, 미각, 피부감각 등 우리의 감각이 수억 년 전 바다에서 꿈틀대며 돌아다니던 미지의 생물로부터 시작되었다는 것은 정말이지 엄청나게 놀라운 발견입니다.

우리는 화석을 통해 이러한 정보를 얻을 수 있습니다. 5억 년보다도 더 오래전에 죽은 원시 동물의 눈을 관찰할 수 있거든요. 게다가 화석화된 생물의 흔적을 현재 살아 있는 생물과 비교하여 다리나 지느러미가 움직이고, 눈이나 더듬이로 느끼며, 입과 항문으로 먹이를 먹고 싸는 것을 알아낼 수 있습니다.

우리가 이용할 수 있는 증거는 이것만이 아닙니다.

지구 생명체에 대해 그동안 알아냈던 사실들은 지난 몇 년간 또 다른 증거가 밝혀지면서 근본적으로 다시 쓰였습니다.

모든 사람과 모든 생명체가 DNA라는 놀라운 분자를 가지고 있다는 사실을 알아낸 거죠. 다양한 종류와 범주의 모든 생명체는 이 구성 요소를 공통으로 가지고 있습니다.

그러면 지구에서의 삶과 여러분의 이야기로 돌아가기 전에 잠시 DNA에 대해 살펴보도록 해요.

DNA에 관한 거북한 이야기

DNA는 데옥시리보핵산의 약자입니다.
(심호흡을 하고 이렇게 말해 보세요: 데-옥시-리-보-핵-산)
이 단어를 말하면 사람들은 당신이 똑똑하다고 생각할 거예요.
제가 장담합니다!

DNA는 생물체를 만드는 데 필요한 모든 정보를 담고 있는 암호이기 때문에 생물학 전체에서 가장 중요한 분자 중 하나입니다. 이에 대해서는 잠시 후에 다루고, 먼저 DNA를 발견하게 된 이야기를 하겠습니다.

DNA는 프리드리히 미셔라는 스위스 과학자가 처음 발견했습니다. 19세기에 그는 전쟁 중이던 독일의 한 병원에서 일하고 있었어요.

병동은 총상을 비롯한 끔찍하고 심한 상처를 입은 군인들로
가득했지요. 그런데 당시 의사들은 상처를 통해 감염이 될 수
있다는 사실과 상처 부위를 깨끗하게 유지하는 방법을 잘
몰랐습니다. 때문에 환자들의 상처는 감염되어 계속 썩어 갔고,
심한 냄새까지 났습니다.
너무 슬프고도 안타까운 일이었지요.
그런데 이때 미셔는 한 가지 놀라운 시도를 합니다. 붕대에 묻은 피고름에서
무엇이 나오는지 알아보는 것이었어요.

미셔는 몇 달간의 세심한 연구 끝에 마침내 세포의 중심인 핵에서만 발견되는
특정 분자를 분리하는 데 성공했습니다.
그는 이것을 핵산이라고 불렀는데, 사실 그가 발견한 것은 DNA였어요.
하지만 미셔는 그것이 무엇인지 몰랐고, 아주아주 바빴기 때문에
그 시료를 그대로 두고 들여다보지 않았습니다.
이후 50년 동안 DNA는 다시 연구되지 않았습니다.

DNA의 발견… 아마, 거의?

미셔 박사님,
무슨 일 있어요?
뭐 잃어버렸나요?

붕대를 찾고
있어요.

오, 그렇군요.
걱정하지 마세요.
제가 가져다
드릴게요.

고마워요. 고름과
피로 흠뻑 젖은
붕대로 부탁해요.

다행히 이야기는 여기서 끝나지 않습니다.

1940년대에 사람들은 **DNA**가 핵에서 어떤 역할을 하는지에 관심을 가졌습니다. 과학자들은 한 세포에서 **DNA**를 채취하여 다른 세포에 넣으면, 두 번째 세포가 첫 번째 세포의 특성을 갖게 된다는 것을 발견했습니다. 마치 호날두의 축구화를 빌려 신었더니 갑자기 골을 잘 넣을 수 있게 된 것처럼요. 이 발견을 시작으로 사람들은 **DNA**가 세포가 무엇이 되어야 하고, 어떻게 행동해야 하는지 알려 주는 핵심 요소라는 사실을 알아내기 시작했습니다. 더욱 중요한 것은 세포가 분열할 때마다 **DNA**가 어떻게 세포에서 세포로 복사되는지 알고 싶어 했다는 것입니다.

DNA가 어떻게 정보를 저장하고, 다른 세포로 전달하는지 알아내는 것, 이것은 과학 역사상 가장 큰 탐구 중 하나가 되었습니다.

1950년대까지 많은 과학자의 노력으로 **DNA**가 어떻게 이런 일을 하는지에 대한 실마리를 얻을 수 있었고, 마침내 세 과학자의 공동 연구를 통해 그 비밀이 풀렸습니다. 로절린드 프랭클린은 엑스레이를 사용해서 **DNA**의 모양을 알아낼 수 있는 매우 결정적이고 특별한 **DNA** 사진을 찍었습니다. 하지만 제임스 왓슨과 프랜시스 크릭이라는 두 과학자는 프랭클린 몰래 이 사진을 입수하여 **DNA**의 형태를 연구했습니다. 왓슨은 프랭클린을 여성이라는 이유로 차별하면서도 사실은 프랭클린이 대단한 일을 했다는 걸 알았던 거예요.

이들이 알아낸 **DNA**의

형태는⋯⋯

이중 나선입니다.

머릿속에 사다리를 떠올리고, 뾰족끝부분을 옆 띠처럼 둥글게 비틀어지는 모습을 상상해 보세요.

그게 바로 DNA의 모양입니다.

43

또한 이중 나선이 **DNA**가 작동하는 방식과 관련 있다는 것도 알아냈습니다.
이렇게 한번 생각해 볼까요? 종이에 나를 그리고, 이것을 반으로 잘라서
두 사람에게 각각 나눠 줄게요. 그림을 받은 사람이 반쪽 그림에 각각 나머지
반쪽을 그린다고 생각해 봅시다. 그러면 다시 완전한 그림 두 개를 만들 수
있어요. 여러분은 자신을 복제한 거예요!

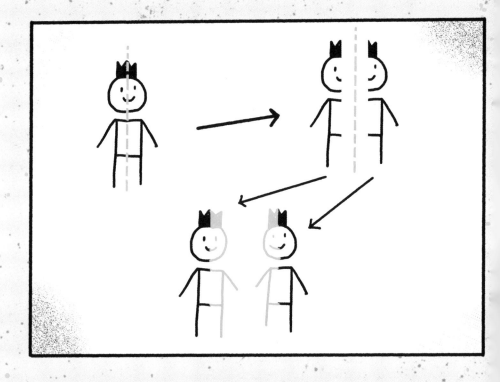

DNA도 이와 비슷하게 작동합니다. 모든 정보는 사다리의 가로대에 저장되어
있어요. 세포가 분열할 때마다 이중 나선이 둘로 나누어지고, 없어진 절반을
대체할 새로운 가닥이 만들어지기 때문에 분열 전에는 **DNA**가 하나였지만,
세포 분열 후에는 동일한 두 개의 **DNA**를 갖게 되지요.

이 원리를 알아낸 것은 매우 천재적인 일이었고, 왓슨과 크릭은 1962년에 노벨상을 받았습니다. 안타깝게도 프랭클린은 이미 사망한 뒤였지만 우리는 프랭클린의 뛰어난 능력 덕분에 **DNA** 복제 원리를 발견하게 되었다는 것을 알고 있습니다.

생명체 사용 설명서

여러분(그리고 다른 모든 동물과 식물)의 모든 **DNA**는 세포 가운데에 있는 작은 주머니에 들어 있습니다. 마치 학교를 운영하는 교장실이 학교 안에 있는 것처럼요. 세포핵에는 **당신**을 만드는 방법에 대한 모든 것이 들어 있습니다.

나를 만드는 방법

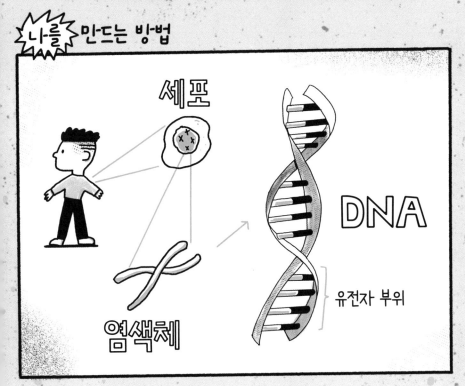

세포

DNA

염색체

유전자 부위

DNA는 생명을 위한 모든 정보를 담고 있으며
우리가 생장하고 번식하기 위해 꼭 필요합니다.
굉장히 길고 복잡한 요리 레시피와 비슷하다고
생각하면 쉬워요. 얼마나 긴지 알고 싶다고요?
여러분의 모든 DNA를 문서로 작성한다면 이 책과
같은 크기로 약 2만 1000권을 만들 수 있어요.
하지만 아주 작아서 세포 안에 쏙 들어가 있지요.

우리는 세포에 있는 DNA 전체를 **유전체**(게놈)
라고 부릅니다. 유전체는 염색체로 되어 있습니다.
**우리는 모든 세포마다 46개의 염색체를
가지고 있는데, 그중 23개는 어머니로부터,
나머지 23개는 아버지로부터 받았어요.**

각 염색체에는 중요한 정보 덩어리, 즉 **유전자**가
있습니다. 유전자는 눈 색깔부터 키, 심지어 귀지가
끈적거리는지 건조한지 등등 모든 것에 영향을
주는 데이터 조각이에요. '나'를 만드는 데 필요한
모든 정보를 담고 있지요. 상당히 복잡하지만
이렇게 생각해 봅시다. 이 책 전체가 유전체라고
하면, 각 장이 염색체고 문장 하나하나가
유전자라고요. 모든 문장을 읽어야 책 전체를
이해할 수 있습니다.

자, 여러분은 생물학적 어머니와 아버지로부터 각각 절반의 염색체를 받았기 때문에 생전 처음 보는 사람보다는 부모님과 더 닮았을 거예요. 당신의 유전자에는 부모님의 유전자가 들어 있습니다.
여러분의 부모님은 그들의 부모님으로부터 유전자를 물려받았고, 그 부모님은 다시 그들의 부모님으로부터 유전자를 얻었습니다.
그리고 그 부모님은 다시……
이렇게 시간을 거슬러 올라가면 여러분의 모든 조상은 그들의 조상에게 유전자를 물려받았습니다. 이런 관계는 지구 최초의 생명체에게까지 끊어지지 않고 완벽한 연쇄 고리로 거슬러 올라갑니다.
루카는 40억 년 전에 자기 유전자를 가지고 있었고, 이후에 존재한 모든 생명체에게 유전자를 전달했습니다.

인간은 약 2만 개의 유전자를 가지고 있습니다.
고양이보다는 많지만, 바나나나 쌀, 심지어 아주 작은 물벼룩보다는 적은 수예요! 하지만 우리 안에서 이 모든 유전자가 함께 작용해서 훌륭한 무언가를 만들어 낸답니다. 바로 **당신**처럼요.

생명을 바꾸는 철자 오류

DNA가 부모에게서 자녀에게 전달되는 과정이 수십 억 년 동안 지속되어
왔다는 사실을 알았으니, 어떻게 당신에게까지 이르렀는지와 지구 생명체에
관한 우리의 이야기로 돌아가 봅시다.
루카도 유전자가 있고, 여러분도 유전자를 가졌지만, 여러분은 뜨거운 암석 안에
사는 세포가 아니라는 것을 알아차렸을 거예요.
생명체가 등장한 후 수십억 년 동안 생물은 점점 더 복잡하게 진화했습니다.

진화는 시간이 흐름에 따라 **생물 종이 변화하는 과정**입니다.
이것은 한 생물이 살아가는 동안 변한다는 뜻이 아니라, 한 생물 종의 자손이
부모와 약간 다를 수 있고, 그 자손은 조금 더 달라질 수 있다는 뜻입니다. 수십
또는 수백 세대에 걸쳐 이렇게 계속 변화한다면, 한 종은 서서히 다른 종으로
변해 갈 것입니다.

이런 변화로 인해 자식이 부모보다 더 나은 사냥꾼이 되거나 질병을 더 잘 이겨
낼 수 있거나 다양한 먹이를 더 잘 먹을 수 있게 된다면, 더 오래 생존하고 더
많은 자손을 낳을 수 있을 거예요. 이것을 **적응**이라고 부릅니다. 환경에 적응한
종은 살아남을 수 있게 자연으로부터 선택된 셈이지요. 자연에서 이 과정은
여러 세대에 걸쳐 천천히 점진적으로 일어납니다.

과학에는 데옥시리보핵산처럼 완전히 이해하기 어려운 이름도 많지만,
블랙홀(검은색이 아니고, 구멍도 아닌데)처럼 재미있는 이름도 있습니다.
또한 어떤 이름은 의미를 명확하게 드러내기도 하죠.

우리는 지구의 생명체가 변화해 온 방식을 **자연 선택에 의한 진화**라고
부릅니다.

DNA가 복제되어 새로운 세포로 전달될 때 항상 완벽하게 복제되지는 않습니다.
가끔 오류가 생길 수 있지요. 예를 들어 볼게요. 귀가 없는 사람 그림을 반으로
잘라서 다른 사람에게 넘겼는데, 전달받은 사람이 나머지 반을 그리는 과정에서
실수로 귀를 그렸다고 가정해 봅시다. 그러면 귀 하나를 가진 사람 그림이
만들어집니다. 이제 그 그림을 다시 잘라 다음 사람에게 전달하면, 귀가 있는
반쪽 부분을 전달받은 사람은 '이쪽에 귀가 있으니 나머지 반쪽에도 귀를
그려야겠다'라고 생각하게 됩니다.

이제 귀가 두 개 생긴 사람이 나타났어요! 이게 바로 진화입니다.

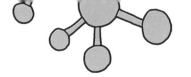

DNA에서 일어나는 이러한 무작위 복사 오류를 철자 오류라고 생각해 봅시다. 이런 오류가 전혀 의미 없는 경우도 있지만, 때로는 다른 의미를 가진 단어로 바뀔 수도 있습니다.

이렇게 하 볼까-요?
한 번에 한 글자씩 바꿔서 '미어캣'을 '죽은 고양이'로 바꿔 보겠습니다.

meer kat (미어캣)

deer kat

dear kat

dead kat

(죽은 고양이) dead cat

각 단계마다 새로운 단어가 만들어지고, 결국에는 의미가 완전히 바뀌었습니다.

바로 이것이 생물이 어떻게 진화하는지에 대한 단서입니다. DNA는 세대를 거듭할수록 철자 오류에 의해 변화하고, 수백만 년에 걸쳐 이런 오류가 축적되면서 한 종이 다른 종으로 바뀔 수 있습니다. 미어캣을 죽은 고양이로 변이시키는 것보다 **엄청나게** 더 복잡하지만, 어떤 방식인지 이해되지요?

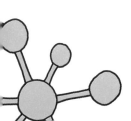

진화가 항상 성공적이지만은 않아

MEERKAT | DEER KAT | DEAR KAT | DEAD KAT | DEAD CAT

우리의 각 세포에 들어 있는 **어마어마한 양의 DNA**를 통해 우리 안의 무엇이 같고 다른지 살펴볼 수 있게 되었습니다. 두 사람의 DNA는 1% 미만 정도로 미세하게 다르지만, 우리의 유전체는 매우 크기 때문에 그 정도면 당신과 나 그리고 다른 모든 사람의 차이를 나타내기에 충분합니다. 그리고 모든 종류의 동물과 우리의 DNA를 보다 자세히 들여다볼 수 있게 되면서 철자 오류가 언제 일어났고, 한 생물이 어떻게 진화했는지 알아낼 수 있게 되었습니다.

참고로 여러분과 침팬지는 상당히 다르지만 DNA는 고작 4% 정도밖에 차이 나지 않아요. 여러분과 침팬지가 다르다는 것에 여러분의 부모님은 동의하지 않을 수도 있지만요.

진화 중일까?

수지의 새 남자친구에게 뭔가 이상한 점이 있다고 느끼는 건 나뿐이야?

내 남자친구는 진짜 털이 많아.

'진화 데이트 앱'에서 만났는데, 96퍼센트 일치한다던데?

우리가 잘 맞는지는 아직 모르겠어.

CHAPTER 3

진화의 발자국

이제 DNA에 대해 알게 되었으니 지구 생명체에 대한 이야기로 돌아가
보겠습니다. 약 4억 5000만 년 전 지구에는 대략 물고기 같은 것, 벌레와 비슷한
것, 갑옷을 입은 것처럼 단단한 동물 등이 있었습니다. 그러다 우리가 잘 이해할
수 없는 이유로 동물의 진화가 완전히 혼란스러워졌습니다. 갑자기(수백만 년에
걸쳐!) 수많은 새로운 종이 등장했고, 바다 전체에서 진화가 일어났습니다.
몇천만 년을 건너뛰면 파충류가 등장합니다. 또다시 1억 년이 지나면 **공룡**이
나타나지요. 그리고 마침내 300만 년 전, 인류가 등장했습니다.
자, 그럼 처음부터 차근차근 살펴보겠습니다. 비늘로 덮여 있고, 무섭고, 털이
많은 생물들을 만날 준비가 되었나요?

4억 5000만 년 전 바다에서 시작해 봅시다. 지금까지 발견된 바다
생물의 화석은 수백만 개가 넘는데, **삼엽충**과 **암모나이트**가 많은 수를
차지합니다. 삼엽충은 지구에 가장 오랫동안 살았던 동물 중 하나입니다.
마디로 구분된 몸통에서 알 수 있듯 오늘날의 곤충이나 거미와 비슷한
절지동물이었습니다. 암모나이트는 해양 생물이었습니다. 현재 암모나이트와
가장 가까운 '친척'은 문어와 갑오징어인데요. 이는 아주 오랜 시간 동안 일어난
진화가 하나의 생물을 완전히 다른 생물로 어떻게 변화시켰는지 보여 줍니다.
이 시기에는 해파리나 성게, 마치 거대한 갑옷을 입은 것처럼 보이는 물고기인
둔클레오스테우스도 있었을 것으로 추정됩니다.

물고기는 물속에 있는 산소를 받아들이지만 우리는 못합니다. 인간은 공기를 들이마시고, 폐에서 산소가 세포로 들어가죠.

모든 동물은 처음 수억 년 동안 물속에서 호흡했을 거예요. 그러던 약 3억 5000만 년 전의 어느 날, 어떤 동물이 아가미로 물에서 산소를 얻는 대신, 공기를 들이마실 수 있는 형태로 진화한 겁니다. 그중 일부는 우리가 해변에서 노는 것처럼 얕은 물웅덩이에서 물장구치거나 헤엄치기도 했을 거예요.

대부분 물고기는 목이 없는데 우리는 있습니다. 물고기 중에 목 근육을 진화시켜서 크고 납작한 머리를 물 밖으로 들어 올릴 수 있는 아주 특별한 동물이 나타난 거죠. 이 동물은 뒤뚱뒤뚱 걸을 수 있을 만큼 근육이 발달한 지느러미도 있었습니다. 그래서 육지로 첫발을 내디딜 수 있었어요. 이 동물을 **틱타알릭**이라고 부릅니다. 지금의 닥스훈트 정도 크기였는데, 이 작은 녀석의 작은 발걸음은 지구 생명체 진화에 크나큰 발걸음이 되었습니다.

파충류 전성시대

지난 수백만 년 동안 지구에는 말 그대로 수십억 종의 다양한 동물이 존재해 왔습니다. 모두 다 이야기하기는 어려우니 조금씩 건너뛰어 볼게요.

동물은 육지에서 호흡하기 시작하면서 점점 번성하고, 다양한 형태로 진화하기 시작합니다. 일단 알을 낳는 파충류가 나타났어요. 그중에 어떤 동물은 다른 동물을 먹고(**육식**), 어떤 동물은 식물을 먹고(**초식**), 어떤 동물은 다른 파충류의 알을 먹기도 했어요(**알 포식**). 그렇다면 **식충동물**은 무엇을 먹었을까요? 정답입니다, 곤충이에요!
다시 한번 시간을 건너뛰면 여러분이 잘 아는 동물들을 만나게 될 거예요.
1억 년 정도 더 지나서 최초의 **공룡**이 나타났거든요.
육지에는 수천 종의 공룡과 그 밖의 많은 고대 생물이 함께 살았어요. 아, 물론 하늘을 날았던 익룡은 실제로는 비행 파충류였고, 물속에서 생활한 수장룡은 해양 파충류이긴 했지만요. 아무튼 이들은 약 1억 5000만 년이라는 오랜 시간 동안 어디에나 존재했고, 매우 번성했습니다.

다른 큰 변화도 일어났습니다. 육지 모양이 변하고 있었어요!

원래 지구는 바다로 둘러싸인 하나의 거대한 땅덩어리였는데, 공룡이 살던 때에 여러 지역으로 분리되었습니다. 이 시기를 **중생대**라고 부르지요. 중생대는 매우 오래 지속되었기 때문에 크게 세 부분으로 구분합니다.

트라이아스기(2억 5217만~2억 130만 년 전)

트라이아스 말기에 살았던 공룡은 지금 존재하는 가장 큰 포유류와 비슷한 크기였어요. 이 시기에 최초의 공룡과 날아다니는 파충류가 등장했습니다.

쥐라기(2억 130만~1억 4500만 년 전)(영화 덕분에 많이 들어봤죠?)

쥐라기 동안 공룡은 어마어마하게 성장했습니다. 공룡이 그렇게 커질 수 있었던 이유는 먹이와 뼈 구조 때문이었지요. 또한 공기 중 산소 농도가 훨씬 높았기 때문에 큰 몸을 유지할 수 있었어요.

백악기(1억 4500만~6600만 년 전)

티라노사우루스 렉스, 스피노사우루스, 트리케라톱스 등 우리가 가장 많이 알고 사랑하는 공룡의 황금기이자, 새의 시초인 아르케옵테릭스가 나타난 시기입니다. 하지만 6600만 년 전 거대한 소행성이 지구에 충돌하면서 많은 동물이 멸종하고 말았어요.

그래도 일부 새들은 살아남았습니다. 오늘날 하늘에서 볼 수 있는 새들은 공룡의 직계 후손이라는 뜻이죠. 참고로 영화 〈쥬라기 공원〉에 등장하는 멋진 공룡과 바다 생물들은 쥐라기 시대에 살았던 것이 아닙니다. 실제로는 백악기 시대 공룡들이에요. 그러니까 사실은 영화 제목을 '백악기 공원'이라고 해야 맞는 거예요. 이런, 스필버그!

백악기 공원

끝

하지만 그게 끝이 아니었습니다.

소행성은 전 세계를 휩쓸 정도로 거대한
쓰나미(엄청나게 거대한 파도!)까지
일으켰고, 폭발 때문에 생겨난
먼지구름은 수백 년 동안 태양을
가렸습니다.
공룡들의 삶은 끝나 버렸어요.
큰 공룡들이 죽고, 생태계 전체가
무너지면서 지구의 생명체는 다시
급격하게 바뀌었죠.

여기서 중요한 사실이 있습니다. 우리는
공룡의 후손이 아닙니다. 공룡의
후손이라면 정말 멋지겠지만 포유류와 공룡은
이미 2억 년 전에 갈라졌습니다.
이렇게 한번 생각해 볼까요? 당신한테 형제가
있다면 당신과 형제의 부모님은 같을 거예요.
하지만 당신과 형제에게 각각 자녀가
생기면 자녀들은 서로
사촌지간이 됩니다.

시간이 흘러 형제의 자녀가 아이를 낳고, 그 자녀도 아이를 낳고……

이런 식으로 천 년이 지났더니……

형제의 자손들은 머리카락이 점점 짧아지고, 네발로 걷기 시작했다고 가정해

봅시다. 그리고 당신의 자녀와 손자의 손자들은 천 년이 흐르는 동안 당신과

거의 비슷한 모습으로 유지되었다고 생각해 보는 거예요. 이렇게 되면 천 년 후

당신의 후손과 형제의 후손은 전혀 다른 종이 될 것입니다. 당신과 형제의

부모님이라는 공통 조상이 있지만 각자의 후손은 서로 다른 종으로 진화한

것이지요.

소행성이 충돌했을 때 포유류와 공룡은 사촌 사이였고, 함께 살아가고

있었어요.(육식 공룡은 포유류도 꽤 많이 잡아먹었을 거예요.)

그 당시 포유류들은 몸집이 작은 편이었지만, 일부는 회색곰처럼 생기기도

했습니다. 땅딸막하고 털이 많은 수달과 비슷한데 수달보다는 덜 친근하게요.

(육식 포유류 또한 새끼 공룡을 잡아먹었을 거예요. **그래서 모두가 다시**

공평해졌어요.)

소행성 충돌에서 살아남은 동물도 많았어요.

공룡은 살아남지 못했지만, 악어는 살아남았어요. 수장룡은 죽었지만, 상어는

살아남았지요. 그 이유는 아무도 몰라요. 하지만 결정적으로 포유류는

살아남았습니다. 그리고 이제 점점 우리의 이야기에 더 가까워지고 있습니다.

바로 **당신**의 이야기 말이에요.

포유류의 번식

이 시기에는 뾰족뒤쥐처럼 쥐와 비슷한 동물부터 작은 개 크기의 동물이나
땅딸막한 조랑말처럼 생긴 동물까지 다양한 종류의 포유류가 살았습니다.
그 후 수천만 년 동안 포유류는 계속 번성해서 전 세계로 퍼져 나갔어요.
그리고 먹이를 찾거나 먹히지 않기 위해 새로운 모습으로 진화했지요. 공중으로
날아올라 박쥐처럼 되거나, 다시 물속으로 돌아가 고래와 돌고래처럼
되었습니다. 일부는 숲으로 들어갔고, 일부는 나무 위로 올라갔어요.

약 6000만 년 전, 최초의 **영장류**가 등장합니다.
처음에는 긴 꼬리를 가진 여우원숭이와 비슷했지만, 수백만 년 후에는 원숭이나
긴팔원숭이와 더 비슷하게 변했어요. 그리고 1000만 년 전, 이 원숭이 중 일부는
진화를 거듭하여 결국 **유인원**이 되었습니다. 맞아요, 이걸 보고 있는 당신도
유인원이에요.

고릴라, 침팬지, 오랑우탄, 보노보와 마찬가지로 인간도 유인원입니다.
이 다섯 종류의 유인원은 모두 공통 조상으로부터 진화했습니다. 1000만 년
전에는 훨씬 더 많은 종의 유인원이 있었을 것으로 추정하지만, 모든 유인원의
조상이 누구인지는 정확히 알지 못합니다. 우리가 아는 것은 이 다섯 종이
오늘날까지 살아남았다는 것입니다.

**이제 우리의 털북숭이 유인원 조상들을 더 많이 만나 볼
시간입니다.**

어떤 유인원은 나무 위에 살았지만,

또 다른 어떤 유인원은 땅에 자리 잡았습니다.

모든 유인원은 그들이 살았던 방식에 따라

진화를 거치면서 변화했습니다.

적응을 기억하나요?

길고 유연한 팔을 가지면 나무에 더 쉽게 매달릴 수 있을 거예요.

무릎 관절이 있는 네 다리를 가진다면 달릴 때 머리를 지탱할 수 있고,

땅에서 걷는 생활을 더 잘할 수 있지요.

그런데 유인원 중 일부는 뒷다리로 일어설 수 있게 진화했습니다.

일어서면 물에서도 이동할 수 있고, 숲에서 자신을 잡아먹으려는 배고픈 사자를

경계할 수 있으며, 도구를 만들거나, 아기를 안거나, 창을 던지거나, 걷는 동안

코를 후비는 등 많은 일이 가능합니다. **아마도 400만 년 전쯤, 유인원의**

일부가 그렇게 큰 걸음을 내디뎠을 거예요.

인류를 위한 거대한 한 걸음

진화의 역사는 큰 발걸음으로 가득하지만, 그중에서도 이 발걸음은 정말 거대한

도약이었습니다. 우리 조상은 두 발로 걷는 **이족 보행자**가 되었습니다.

사실 미어캣, 침팬지, 고릴라 등 많은 동물이 두 발로 걸을 수 있지만, 오래

걷지는 못합니다. 인간은 두 발로만 걷는 **습관성 이족 보행 동물**입니다.

우리 조상들은 약 400만 년 전에 이 능력을 진화시켰고, 그 후로 언제나

두 발로만 걸어왔습니다.

뼈를 뒤죽박죽 섞어 놓더라도 우리는 다리뼈와 발뼈를 골라낼 수 있습니다. 그리고 우리 몸이 어떻게 움직이는지 생각해 보면 뼈가 우리 몸에 있을 때 어떤 모습이었는지 알아낼 수 있어요. 발 모양과 다리 위치만 봐도 이족 보행자라는 것을 알 수 있습니다.

고대 인류의 화석화된 뼈에서도 이를 확인할 수 있어요. 다른 유인원보다 발이 평평하고, 다리뼈가 엉덩이뼈에서 똑바로 내려오는 것처럼 보이며 두개골이 침팬지나 고릴라처럼 앞으로 나오지 않고 몸통 위에 일직선으로 자리 잡고 있습니다.

아프리카 탄자니아의 라에톨리라는 곳에서는 아이와 어른이 함께 걸어가는 **사람 발자국 화석**이 발견되었습니다. 여러분이 엄마나 아빠와 손잡고 해변을 산책하는 것처럼 아마 그들도 따뜻하고 부드러운 화산 진흙을 밟고 있었을 것입니다. 이 발자국은 약 **300만 년 전**에 만들어졌어요. 그대로 말라 굳은 상태로 오랫동안 보존되어 오늘날 우리에게 조상에 대한 단서를 제공합니다. 부드러운 진흙 위에 발자국을 남긴 종이 무엇인지 확실하지는 않지만, 많은 과학자는 **오스트랄로피테쿠스 아파렌시스**라는 종으로 추정하고 있습니다.

그때부터 우리의 조상인 유인원이 등장했습니다. 지금의 우리보다 작은 키에 덩치가 크고 털이 훨씬 더 많았지만, 분명 인간과 같은 종이었습니다. 현재 인류에 비하면 머리와 뇌도 작았습니다. 그래도 가장 가까운 사촌에 비하면 비정상적으로 큰 뇌를 가졌습니다.

그 후 수백만 년 동안 전 세계에는 다양한 유형의 인류가 존재했습니다. 직립 보행자인 **호모 에렉투스**가 있었고, 인도네시아 지역에는 **호모 플로레시엔시스**라고 부르는 작은 사람들이 살았습니다. 호모 플로레시엔시스는 키가 작고 발이 커서 호빗이라는 별명이 있는데, 호빗처럼 발에 털이 있었는지는 알 수 없지만 그렇다고 가정해도 크게 문제는 없을 것 같아요.

유럽에는 **네안데르탈인** (호모 네안데르탈렌시스)이 살았습니다. 전반적으로 우리와 비슷하게 생겼지만, 머리가 더 크고 가슴도 훨씬 넓은 편이었지요.

네안데르탈인

데니소바인

지금의 러시아 시베리아와 동아시아에는 **데니소바인**이 살았어요. 그렇지만 지금까지 10대 소녀로 추정되는 치아와 손가락뼈만 발견되었기 때문에 그들이 어떻게 생겼었는지 정확히 알 수는 없습니다.

우리는 **호모 사피엔스**예요.

호모 사피엔스는 약 50만 년 전에 아프리카에
살았던 고인류로부터 진화했습니다. 가장
초기의 호모 사피엔스는 31만 5000년 전
지금의 북아프리카 모로코에서 발견되었어요.
이후 에티오피아를 비롯한 아프리카의 다른
지역에서도 호모 사피엔스의 뼈가
발견되었습니다.

뼈들을 맞춰 보았더니 현대인과 신체가 거의
비슷했습니다. 만약 머리를 정리하고 현대식
옷을 입힌다면 버스나 공원에서 마주쳐도
구분하지 못할 거예요.

호모
사피엔스

계속되는 이주

인간은 항상 새로운 땅으로 이동하고 여행하며 탐험해 왔습니다.
인류가 아프리카에만 살던 시절에는 계절이나 사냥감을 따라 이동하면서
거대한 대륙을 돌아다녔어요. 그러다 약 8만 년 전, 일부 호모 사피엔스가
아프리카를 벗어나 아시아와 유럽으로 이동하기 시작했습니다.
이것은 지금의 우리가 생각하는 것처럼 직업을 바꾸거나, 가족과 함께하기 위해,
아니면 전쟁이나 박해를 피하려고 국경을 넘는 등의 형태와는 다른
것이었습니다. 그들은 수백 년에 걸쳐 서서히 아프리카를 벗어났어요.
과학자들은 이것을 '아웃 오브 아프리카 이론'이라고 부릅니다.

대부분의 사람은 아프리카에 남았지만, 이주를 시작한 사람들은 점차 조금 다른 모습으로 진화했습니다. 10만 년 전 아프리카에 살았던 조상들은 지금 대다수의 백인보다는 피부색이 어두웠지만 이주 후에는 조금씩 밝은 피부로 진화했다고 추측할 수 있습니다. 유럽은 아프리카와 비교하면 햇빛이 덜 강했고, 또 흐린 날씨에는 밝은 피부색일수록 비타민 D가 더 잘 흡수되기 때문에 이런 환경에 적응하면서 진화했을 거예요.

이것은 **지역 적응**의 한 예입니다. 지역 적응이란 우리가 날씨와 음식이 다른 곳으로 이동할 때, 새로운 곳에서 더 잘 생존하고 살아갈 수 있도록 조상들의 신체가 여러 세대에 걸쳐 서서히 변한 것을 의미합니다.

이렇게 잘 조정된 적응 덕분에 우리는 지구의 다양한 환경에서 살아남을 수 있게 진화했습니다. 〈스타워즈〉 같은 SF 영화에 등장하는 행성들이 거의 한 가지 유형의 생태계로만 되어 있는 것을 알고 있나요? 얼음 행성, 사막 행성, 늪지대 행성, 바다 행성 등이 다 따로 있죠. 놀랍게도 지구는 이 모든 생태계뿐만 아니라 그 이상을 가지고 있어요. 그래서 인류는 각 지역 환경에 적합하게 진화해 왔습니다.

인류가 아직 멸종하지 않은 이유, 즉 인류의 성공은 우리가 지구 곳곳을 돌아다니며 환경에 적응한 데서 비롯된 것입니다.

초기 인간을 상상해 보세요. 사냥을 잘하는 인류는 항상 빈손으로 집에 돌아오는 이웃보다 배를 채울 확률이 높았을 거예요. 잘 먹으면 더 오래 살 수 있는 건 당연한 이치니까 더 오래 살면 아이를 낳아 유전자를 물려줄 확률도 높아지지요. 그렇지만 그린란드 해안에서 물고기를 잡는 것과 아시아 평원에서 사냥하는 것은 다릅니다. 따라서 해안가에서는 생선 위주의 식단을 좋아하도록 진화하는 것이 육식을 좋아하도록 진화하는 것보다 유리할 수 있겠지요.

오늘날 우리는 일부 화석에서 DNA를 추출할 수 있기 때문에 수 세기 전에 죽은 사람들에 대한 많은 정보를 얻을 수 있습니다. 또한 어떤 지역에 살았던 사람들의 DNA를 살펴보면 그들이 생선을 많이 먹었는지, 고기를 많이 먹었는지, 아니면 다른 음식을 먹었는지도 알 수 있지요. 피부색과 눈동자 색도 추측할 수 있고요. 모든 걸 확실히 알 수는 없지만, 오늘날 인류의 유전자와 피부색에 대한 이해를 바탕으로 대략적인 추정을 할 수 있는 것입니다.

또 우리는 그들이 여행 중에 만났던 어떤 가족의 흥미로운 이야기도 알 수 있습니다. 약 4만 5000년 전 호모 사피엔스가 유럽에 도착했을 때 수만 년 동안 그곳에 살고 있던 네안데르탈인을 만났다는 사실이 최근에 밝혀졌습니다. 네안데르탈인은 멸종한 인류의 한 종으로, 현재까지 발견된 것 중 가장 나중 시기의 뼈는 약 4만 년 전의 것이었습니다. 그 이후 시기의 뼈는 더 이상 발견되지 않아서 그 무렵 모두 사망한 것으로 추정하지요. 뼈 화석을 바탕으로 네안데르탈인의 모델을 만들어 보았을 때, 그들은 우리보다 덩치가 크고, 짙은 눈썹과 넓은 코를 가진 얼굴이었습니다.

2010년, 과학자들은 4만 년 전 독일의 동굴에서 죽은 네안데르탈인의 팔뼈에서 DNA를 추출하는 데 성공했습니다. 살아 있는 사람의 DNA를 분석하는 것처럼 네안데르탈인의 DNA를 판독했지요. 네안데르탈인의 DNA와 현생 인류의 DNA를 비교한 결과, 오늘날 거의 모든 유럽인의 유전체에 네안데르탈인의 DNA가 조금씩 남아 있다는 사실을 발견했습니다. 이것은 바로……

여러분의 조상을 다시 만날 시간이라는 뜻이에요.
네, 네안데르탈인도 우리의 조상이었어요!

그들은 아마도 50만 년이라는 시간 동안 우리의 사촌이었지만 호모 사피엔스는 오랜 기간 동안 그들을 만나지 못했습니다. 호모 사피엔스가 유럽에 도착하고 나서야 네안데르탈인을 만나 함께 가족을 이루었죠.

밝은 피부를 가진 사람의 대부분은 네안데르탈인의 DNA를 가지고 있습니다. 확인해 보니 전체 유전체의 약 2% 정도입니다.

만약 당신이 밝은 피부를 가진 유럽 출신이라면,

당신의 할머니의 할머니의 할머니의
(이렇게 1600번 반복) 할머니나
할아버지의 할아버지의 할아버지의
(이렇게 1600번 반복) 할아버지가
네안데르탈인이었을 가능성이 높습니다!

호모 사피엔스가 아시아에 도착해 데니소바인을
만났을 때도 같은 일이 일어났습니다. 오늘날
우리는 데니소바인 10대 소녀의 치아와 손가락뼈만
갖고 있지만, 과학자들은 손가락에서 유전체를 추출할 수 있었습니다. 그 DNA
를 현대인과 비교해 보면 동아시아 사람들이 데니소바인의 DNA를 가지고
있음을 알 수 있습니다.
따라서 **여러분이나 여러분의 가족이 동아시아 출신이라면,**
할머니의 할머니의 할머니의 (이렇게 1600번 반복) 할머니나
할아버지의 할아버지의 할아버지의 (이렇게 1600번 반복) 할아버지가
데니소바인이었을 가능성이 높습니다!

아프리카 출신 또는 최근의 아프리카 조상을 둔 가족은 아주 약간의
네안데르탈인 DNA를 가지고 있지만, 데니소바인의 DNA는 없습니다.
데니소바인은 당시 아프리카에 살지 않았기 때문이에요. 하지만 그 이후 세계
각지로 사람들이 이동하여 가족을 이루면서 오래된 과거의 조상을 공유하게
되었습니다. 그러니까 여러분의 가계도가 복잡하다고 생각할 수 있겠지만,
인류의 가계도는 **훨씬 더** 엉망진창입니다.

이게 다 어떤 의미일까?

이는 우리가 서로 다르게 보일지라도 마지막으로 남은 하나의 인류 종인
호모 사피엔스, 즉 우리는 하나라는 것입니다.

여덟 살인 제 막내딸은 언젠가 저에게
'지구에 처음 살았던 사람이 누구예요?'
라고 물어본 적이 있습니다. 누구나 생각해 볼 수 있는 궁금증이지만
대답하기에는 매우 까다로운 질문이었죠.
최초의 사람은 하나가 아니고, 아프리카 전역에 여러 사람이 퍼져 살았을
뿐이거든요. 그들은 점차 털북숭이 조상과는 멀어지고 지금의 우리 모습에
가까워졌을 겁니다.
인류의 족보는 굉장히 어지럽고 복잡합니다. 누군가는 먹이를 찾아 지역을
이동하기도 하고, 거기서 또 다른 가족을 이루기도 하면서 매우 느리게
진화했습니다.

언젠가 미래에 우리가 화성에 가면 화성 최초의 인류가 될 수도 있겠지만,
지구는 아닙니다. 우리는 어딘가에 도착한 것이 아니라 **진화했기
때문이지요.**

DNA에 변이가 생기면 우리 몸에 변화를 일으키기도 합니다. 그 변화가 생존에
도움이 되면 우리의 일부가 되지요. 그렇게 시간이 흐르면 (수백 수천만 년에
걸쳐) 생물의 진화가 천천히 일어나는 것입니다.

지금은 우리가 살아남은 유일한 종이지만, 지난 수십만 년 동안
지구에는 다양한 종류의 인류가 존재했습니다. 우리는 아프리카 대륙의
다양한 초기 인류가 만나면서 진화해 온 거예요. 그리고 우리는 천천히
전 세계로 이동했습니다.

여러분은 거대하고 복잡한 생명의 나무에 달린 작은 나뭇가지입니다.
우리는 유인원이나 원숭이, 쥐 같은 포유류, 뒤뚱거리는 파충류나 양서류,
심지어 단세포 생물 등을 통해 조상의 흔적을 찾아 거슬러 올라갈 수 있습니다.
그리고 모든 생명체는 같은 종류의 DNA를 가지고 같은 생명의 나무에서
진화했기 때문에, 우리는 결국 거의 40억 년 전 바다 밑바닥에 있었던 당신의
할머니의 할머니의 할머니의 할머니의 할머니의 할머니의
(이렇게 수백만 명 이상의) 할머니인 루카(LUCA)에게까지 거슬러 올라갈 수
있습니다.

CHAPTER 4

 하나의 거대한
생명의 나무

지구에는 거의 40억 년 동안 생명체가 존재해 왔지만 인간은
그 시간 중 극히 일부분에만 존재했습니다. 지구가 있었던 모든 시간을
1월 1일부터 딱 1년으로 압축해 보면 어떨까요? 루카가 나타나는 2월까지는
살아 있는 것이 전혀 없습니다. 지구의 생명체는 7월까지 거의 비슷하게
유지되다가 그 이후에야 복잡해지고, 군집을 이루거나 다세포화됩니다.
9월 말에는 벌레와 비슷한 모습의 동물이 등장합니다. 11월까지는
육지에 식물이 거의 없고, 관목 정도만 나타나다가 12월 초에나 큰
나무를 볼 수 있습니다. 다음에는 곤충이, 며칠 뒤에는 상어가
등장합니다. 공룡은 12월 중순에 나타나지만, 크리스마스 다음
날에 멸종합니다. 12월 31일 아침에는 유인원이 몇 보이지만
아직 인간의 흔적은 없습니다. 우리 종은 새해 전날 오후
11시 20분경에 모습을 드러냅니다. 당신이요?
글쎄요……, 지금이 새해 전날의 자정이라면
당신은 약 1초 전에 태어났습니다.
이 타임라인은 뒤에서 더 자세히 설명하겠습니다. 그보다 먼저
과학자들이 생명에 대해 어떻게 생각하는지 알아볼 필요가 있거든요.

40억 년의 여정 동안 지구에는 수백만 종의 다양한 생명체가 살았습니다.
그리고 저와 같은 과학자들은 같은 유형의 DNA를 가진 수많은 종류의 동물과
식물을 연구하기 때문에 이들을 식별할 수 있는 이름을 붙여야 합니다.

우리가 생물을 분류하는 이유는 생물을 더 쉽게 이해할 수 있기 때문입니다.
분류를 통해 **생명체**가 서로 어떻게 연관되어 있고, 어떻게 오늘날과 같은
모습이 되었는지 이해할 수 있거든요.

서로 다른 생물을 구분할 때 **종**이라는 개념을 사용합니다.

개별 종은 고유해요. 그렇지만 지구상의 모든 생명체는 같은 가계도를 통해 서로 연결되어 있고, 밀접하게 관련된 종일수록 유사점도 많습니다. 이러한 유사성은 이들을 한데 묶을 수 있다는 뜻이기도 하지요.

오늘날 모든 인간은 하나의 종입니다. 모든 고양이도 한 종이고요. 집고양이와 호랑이는 서로 밀접한 관련이 있고 같은 고양잇과에 속해 있지만, 하나의 종은 아닙니다.

생물을 그룹화하는 것을
분류라고 합니다.

TV 앞에 앉아 무엇을 볼지 고민한다고 생각해 보세요. 넷플릭스나 디즈니 플러스를 시청하고 싶을 수도 있습니다. 모든 프로그램은 그룹별로 나뉘어져 있는데, 어린이 프로그램은 하나의 목록에, 다큐멘터리는 다른 목록에, 드라마는 또 다른 목록에 모여 있습니다. 그리고 이런 목록 내에는 책을 원작으로 하는 드라마나 슈퍼히어로 영화 같은 추가 그룹이 있을 테지요. 그 안에서 다시 가족, 공포, SF, 액션, 스릴러 등으로 세분화됩니다. 이 모든 과정을 거치고 나면 마침내 보고 싶은 영화를 찾을 수 있습니다!

생물학에서 생물을 분류할 때도 비슷한 방식으로 작업합니다. 이 방식을 이해하기 위해 위에서 아래로 내려가는 방식으로 살펴보겠습니다.

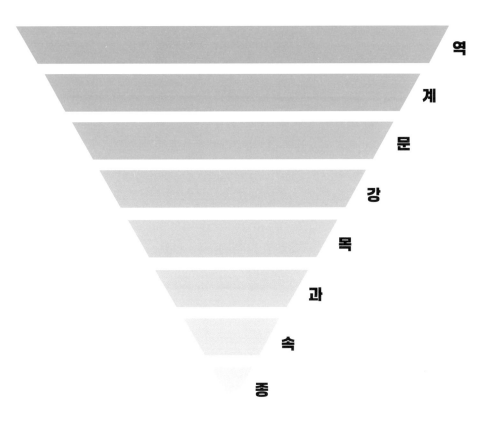

역

계

문

강

목

과

속

종

가장 높은 단계를 **역**이라고 하며, 세 가지 범주만 존재합니다. (넷플릭스, 티빙,
디즈니 플러스라고 생각하면 됩니다.) 생물학에서는 세균역, 고세균역,
진핵생물역으로 나눠요. 세균역과 고세균역은 작은 단세포 생물이라 눈에
보이지 않지만, 지구 생명체의 대부분을 구성하고 있습니다. 이 사실을 확인하기
전에 일단 앉아서 다음 페이지를 넘기는 걸 추천합니다. 너무 놀랄 수 있거든요!

당신의 몸속과 몸 표면에는
당신의 세포 수보다도 더 많은 세균이 있어요!

이 현상은 지극히 정상이고, 우리가 살아가기 위해서도 세균이 꼭 필요하니까
너무 겁먹지 마세요. 예를 들어 입속이나 위장 안에 있는 세균은 음식물의
소화를 돕는 역할을 합니다. 눈에 보이지는 않지만 꼭 필요한 존재지요.
아무튼 여러분은 걸어다니는 동물원이나 마찬가지예요!

고세균은 세균과 비슷하게 매우 작은 단세포 생물이지만, 내부 구조가 달라서
세균과는 다른 역으로 분류합니다. 여기서 더 자세히 이야기할 필요는 없으니
이만 넘어갈게요.

걸어다니는 동물원

위

마지막으로, 진핵생물역입니다. 세균이나 고세균이 아닌 모든 생명체는
진핵생물이라고 생각하면 쉬워요.

이제 진핵생물의 분류에 대해 이야기해 볼까요?
역의 다음 단계는 **계**입니다.
학자에 따라 다르게 분류하기도 하지만, 대표적으로 다음과 같은
계가 있습니다.
모든 나무, 채소, 화분 식물, 잡초 등을 포함하는 식물은 하나의 계를
이룹니다. 다른 하나는 균계(버섯과 곰팡이, 발에 생기는 무좀 같은 것들, 빵과
맥주를 만드는 효모와 기타 수많은 유기체 포함)이지요.

또 다른 계는 미세한 단세포 생물로 이루어진 원생생물계입니다.
그리고 이 이야기에서 가장 중요한 동물계가 있습니다.

동물계는 움직이고, 먹이를 먹고, 산소로 호흡하는 모든 생물을 포함합니다.
동물의 종류가 얼마나 많은지 정확히 알 수는 없지만, 과학자들은 지금까지
150만 종 이상의 동물을 확인했으며, 매일 새로운 동물을 발견하고 있습니다.

지금까지 발견된 동물의 대부분을 차지하는 건 곤충이에요. 무려 **100만
가지가 넘죠.** 그 외에 대왕고래, 말벌, 문어, 개, 악어, 오리너구리, 게, 거미,
거미원숭이, 펭귄, 햄스터, 인간 등이 모두 같은 동물계에 속해 있습니다.
여러분은 백상아리나 코모도왕도마뱀과 별로 닮지 않았을 테니 조금
이상하긴 하겠지만요. (그러길 바랍니다.) 그래서 우리는 계속해서 동물을
더 작은 그룹으로 분류합니다.

다음 단계는 동물의 기본 신체 구조에 따라 구분하는 **문**입니다.

절지동물문은 오늘날의 곤충이나 수억 년 전의 삼엽충처럼 마디가 있는 몸통과 관절이 있는 다리를 가지고 있습니다.

연체동물문은 달팽이나 조개처럼 딱딱한 껍데기 안에 부드러운 몸체를 갖고 있어요. (문어도 연체동물이기 때문에 조금 혼란스러울 수도 있겠네요.)

몸 중앙에 척추가 있는 척삭동물도 있습니다. 상어, 침팬지, 독수리, 박쥐는 모두 척추가 있지만, 거미, 문어, 민달팽이는 없지요.

이제 우리와 좀 더 가까운 척추가 있는 동물에 대해 더 알아봅시다.

다음 단계는 **강**입니다. 우리는 포유류라고도 부르는 포유강입니다.

포유류는 공룡과 거의 비슷한 시기에 지구에 출현했습니다. 그리고 약 6600만 년 전 거대한 소행성이 지구에 떨어진 후에도 살아남았지요. 그렇지만 어떤 이유인지는 정확히 알 수 없습니다. 포유류의 몸집이 작아서일 수도 있어요. 먹을 수 있는 먹이가 다양했기 때문일 수도 있습니다. 죽었거나 죽어 가는 공룡을 먹으며 번성할 수 있었을지도 모르죠.

포유류는 점차 몸집이 커지면서 원숭이, 개, 소, 마모셋, 미어캣, 고릴라, 고래, 박쥐, 수달 등 우리가 알고 사랑하는 다양한 동물로 진화했습니다. 이 동물들이 포유류에 속하는 이유는 다양한 특징을 공유하기 때문이에요.

포유류는 생존을 위해 스스로 열을 발생시킬 수 있는 정온 동물입니다. 몸을 따뜻하게 하기 위해 햇빛 아래에 누워 있을 필요가 없지요. (물론 누워서 햇볕을 쬐는 것은 좋은 일이지만요.)

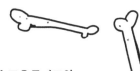

포유류는 머리카락이나 털이 있습니다. '고래는 털이 없는데 포유류라고?'
생각할 수도 있지만, 새끼 고래와 돌고래는 태어날 때 털이 있다가 자라면서
빠져요. 무엇보다 이 동물들을 포유류라고 할 수 있는 가장 큰 이유는 어미가
젖샘에서 만든 젖을 새끼에게 먹이기 때문입니다.

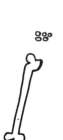

지금까지 약 6000종의 포유류가 확인되었으며 (그중 약 1200종이 박쥐입니다!)
인간은 박쥐나 돌고래와 생김새는 무척 다르지만, 공통점이 많습니다. 이는
우리가 생명의 나무에서 공통 조상을 가진다는 것을 보여 줍니다.

우리의 손과 팔뼈는 고양이 다리나 고래의 지느러미, 박쥐의 날개에 있는 것과
거의 완벽하게 일치합니다. 이들은 수영, 달리기, 비행, 피아노 연주 등 여러 가지
행동에 따라 다양한 방식으로 진화해 온 것이지요.

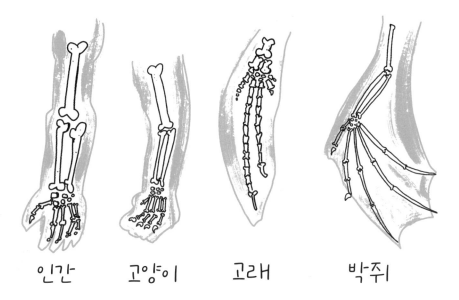

인간   고양이   고래   박쥐

다음 단계는 **목**입니다. 우리는 모든 원숭이 및 유인원과 함께 영장목에 속해 있습니다.

다음은 **과**입니다. 고릴라, 침팬지, 오랑우탄, 보노보 그리고 인간은 모두 비슷한 대형 유인원이에요. 물론 쉽게 구분할 수 있을 만큼 다르게 생겼지만요.

그다음으로는 더욱 비슷한 생물로 이루어진 **속**이 있습니다. 너무 오래전에 분리되었기 때문에 다르게 보이지만, 서로 새끼를 낳을 수 있을 정도로 가까운 경우도 있습니다.

우리는 호모(Homo), 즉 인간이며 현재는 다른 종의 인간이 존재하지 않으므로 우리 **종**의 최종 분류는 사피엔스입니다.

'당신'을 분류하는 방법

앞에서 설명한 대로 당신을 분류하면 이렇습니다.

진핵생물역 〉 동물계 〉 척삭동물문 〉 포유강 〉 영장목 〉 사람과 〉 사람속 〉 사람

역 DOMAIN: 진핵생물역

계 KINGDOM: 동물계

문 PHYLUM: 척삭동물문

강 CLASS: 포유강

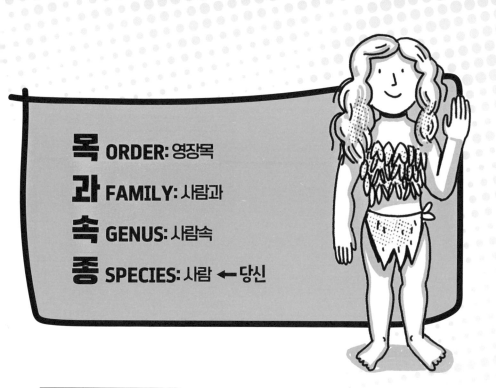

목 ORDER: 영장목
과 FAMILY: 사람과
속 GENUS: 사람속
종 SPECIES: 사람 ← 당신

같지만 달라

과학자들이 동물을 분류하는 방법을 이용하면 인간을 분류하는 데에도 유용할 거라고 생각할 수 있습니다. 수백만 종의 동물과 수천 종의 포유류가 있지만, 인간은 **호모 사피엔스** 한 종만 남았으니까 더 쉬울 거라고요. 그러나 생물 분류 체계를 통해 알 수 있는 건 호모 사피엔스가 모두 같은 종이라는 사실 뿐입니다.

흠, 뭔가 이상하죠? 오늘날 살고 있는 사람은 호모 사피엔스지만 모두 다르다는 것을 우리는 알고 있으니까요. 일란성 쌍둥이조차 완전히 똑같지는 않지요. 같은 반에 쌍둥이가 있을 때, 처음에는 헷갈려도 일단 알고 나면 구별할 수 있거든요. 우리는 모두 생김새가 다르고, 목소리도 다르며, 좋아하는 것도 다릅니다.

사람들은 자신을 설명하고 자신의 정체성을 나타낼 때 다양한 방법을
사용합니다. 이것 역시 분류의 한 형태지요. 질문하는 내용에 따라 당신의
생물학적 성, 사회적인 성, 학년, 도시, 국가, 스포츠팀, 취미 또는 직업에 대해
자세히 설명할 수 있습니다. 예를 들어 볼게요. 제 막내딸은 런던 출신의
4학년 여학생이고, 그림 그리기, 춤추기, 테일러 스위프트를 좋아합니다.
아들은 런던 출신의 10학년 남학생이고, 축구, 플레이스테이션, 테일러
스위프트를 좋아합니다. 큰딸은 런던 출신의 12학년 여학생이고, 영화, 책,
테일러 스위프트를 좋아합니다.

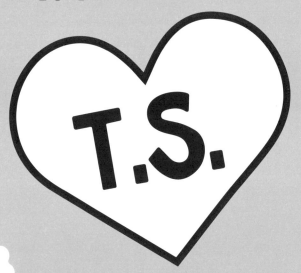

분류는 일을 간단하게 만들어 주는 편리한 방법이지만, 인간은 복잡한
존재입니다. 누군가를 어떤 그룹으로 분류한다고 해서 모든 것을 알 수는
없다는 뜻입니다. 갑자기 이게 무슨 말인가 싶겠지만, 서두에서 제가 던진
질문으로 돌아가 보겠습니다.

당신은 정말로 어디에서 왔나요?

누군가 여러분에게 이런 질문을 한다면, 단순히 관심이나 친근감을 표현하는 것일 수도 있어요. 하지만 특정 질문은 어떤 상황에서 하느냐에 따라 의미가 달라질 수 있습니다.

특히 어떤 장소에서 대다수의 사람과 조금 다르게 생겼거나, 말투가 다를 경우 사람들은 당신이 그곳에서 태어난 게 아니거나, 다른 곳에서 사는 사람이라고 생각하기도 합니다. 사람들은 외모만 보고 당신이 '다른 곳', 어쩌면 '외국'에서 왔다고 추측할 수 있다는 거죠.

이런 경우 분류는 전혀 도움이 되지 않고, 오히려 편협한 생각을 불러일으킬 수 있습니다. 하지만 걱정마세요. 우리가 발견한 것처럼, **모든 사람**이 정말로 어디에서 왔는지에 대한 **진짜 이야기**는 훨씬 더 흥미롭고, 우리가 실제로 얼마나 많은 공통점을 가졌는지를 드러내 주니까요.

인종이나 국적에 관한 이야기는 매우 중요하기 때문에 나중에 다시 다룰 것입니다. 지금의 가장 큰 질문은 바로 이것입니다.
어떻게 인류가 단 하나의 종이 되었으며, 애초에 우리는 어떻게 여기까지 오게 되었을까요?

우리가 어떻게 존재하게 되었을까?

이제 여러분과 나의 이야기, 즉 우리가 어떻게 존재하게 되었는지에 대해 더 자세히 알아볼 것입니다.

저는 인간이 어떻게 생겨났는지에 대한 이야기가 과학 전체를 통틀어 가장 흥미로운 이야기라고 생각합니다. 물론 행성이나 화석, 공룡을 좋아할 수도 있지만, **(공룡을 좋아하지 않는 사람이 어디 있겠어요?)**

저는 사람을 좋아하고, 사람에 관한 과학은 언제나 흥미로운 주제입니다. 인류가 어디에서 왔고, 어떻게 지구를 돌아다녔으며, 그 과정에서 누구를 만났고, 오늘날 80억 명의 인류가 어떻게 이 자리에 오게 되었는지에 관한 이야기입니다. 하지만 이 이야기에는 빠진 부분이 많습니다.

과학적으로 연구한 지 150년 정도밖에 되지 않았기

때문이에요.

그동안 과학자들은 전 세계에서 화석화된 뼈를 수집하고 때로는 수천,
수백만 년 전에 조상들이 사용했던 돌도끼나 창, 나무 몽둥이 같은 도구를
수집하며 인류의 역사를 연구해 왔습니다.
그 오래된 뼈들이 어떻게 생겼는지, 그 사람들은 어떻게 살았는지, 무엇을 먹고
무엇을 사냥했는지 등을 매우 주의 깊게 살펴봄으로써 우리가 어떻게 여기까지
오게 되었는지에 대한 이야기를 구성하려고 노력해 왔습니다.

게다가 오늘날에는 DNA 연구를 통해 한 종이 어떻게 다른 종으로 진화했는지,
그리고 오늘날의 인류가 어떻게 생겨났는지도 알아낼 수 있습니다.
조상에게 배운 과학적 지식과 그들이 남긴 DNA 증거로 무장하여
**무엇이 우리 모두를 인간으로 만들고, 무엇이 우리를 독특하게
만드는지** 정확히 인식할 수 있다는 것이죠.

우리 종을 지칭하는 **호모 사피엔스**는 '**슬기로운 사람**'이라는 뜻입니다.
다소 과시적으로 들릴 수도 있으나, 책을 쓰거나 플레이스테이션이나 비행기를
발명한 유일한 종이니 나쁘지 않은 이름일지도 모릅니다.
다른 종의 인류도 있었지만, 그들은 플레이스테이션이나 비행기를 발명하지
못했고, 우리만 남았습니다.

그래서 다음 장에서는 **선사 시대**에서 **역사 시대**로 넘어가서 그 후에 어떤
일이 일어났는지 알아보고, 꽤 유명한 인류의 조상들도 만나 보려 합니다.

그다지 슬기롭지 않은 사람들

잘 봐, 저기 또 다른 인간이 온다.

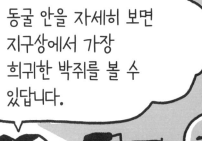

동굴 안을 자세히 보면 지구상에서 가장 희귀한 박쥐를 볼 수 있답니다.

이쪽으로 오세요.

기다려 봐.

철퍼덕

호모 사피엔스 다음에 '멍청이'를 붙이면 돼.

CHAPTER 5

왕과 여왕의 등장!

우리는 지금까지 우주와 지구의 탄생, 생명의 탄생, 선사 시대의 진화, 영장류와 털북숭이 인류의 등장 그리고 약 50만 년 전 아프리카에 나타난 인류의 모습까지 살펴봤습니다.

휴, 이제 인류가 어디에서 왔는지에 대한 이야기가 절반 정도 진행되었으니 **잠시 숨을 고르고** 물을 마셔 보세요.
전반부에서는 인류의 선사 시대 기원을 다루었으니 이제 이야기의 두 번째 부분인 인류의 역사적 기원으로 넘어갈 거예요.

우리는 문자가 발명되기 전까지의 모든 시간을 느슨하게 선사 시대라고 부르고, 그 이후의 모든 시간을 **역사**라고 부릅니다.
기본적으로 역사는 우리가 무언가를 **기록**하면서부터 시작했습니다. 약 6000년 전 중동 지역 어딘가에서 일어난 일입니다.
실제로 지금까지 발견된 완전한 문장 중 가장 오래된 것은 약 4000여 년 전의 빗에 새겨져 있는 고대 가나안 언어입니다. 새겨진 문장은 짧지만 염원이 담겨 있네요.

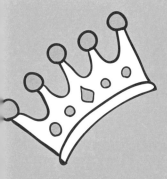

그렇지만 모든 사람이 얼마나 밀접하게 연관되어 있는지 알기 위해 그렇게 먼 역사까지 거슬러 올라갈 필요는 없습니다. 물론 우리는 역사 공부를 좋아하니까 예전 역사를 배우는 것도 즐거운 일일 거예요. (아니라고요? 안타까운 일이군요.) 대체로 학교에서 배우는 많은 역사는 왕과 관련이 있습니다. 한국을 예로 들어 볼까요? 기록상 한국사 최초의 여왕은 신라 27대 왕인 선덕 여왕입니다. 동아시아에 현존하는 가장 오래된 천문대인 첨성대를 만들었다는 걸 아는 친구도 많을 거예요.

또한 전 세계에서 언어의 창시자를 알고 있는 건 훈민정음이 유일해요. 이 훈민정음을 만든 세종 대왕이 어마어마한 독서광인 걸 알고 있나요? 매일 늦은 밤까지 책을 읽는 바람에 시력이 매우 좋지 않았습니다. (어린 세종은 눈병이 나도 책을 읽었습니다. 아버지인 태종이 책을 압수해도 세종은 병풍 뒤에서 몰래 책을 봤을 정도라고 해요.)

이번에는 영국 이야기를 해 볼게요. 엘리자베스 2세 여왕의 서거 전인 2022년에는 여왕의 즉위 70주년을 기념하는 많은 축하 행사가 열렸습니다. 엘리자베스 2세는 역사상 두 번째로 오래 재위한 왕이 되었지요. (프랑스의 루이 14세는 1715년 괴저로 사망하기까지 72년을 왕좌에 있었습니다. 괴저는 2장에서 피고름에 젖은 붕대를 이야기할 때 말했던 것처럼 냄새가 나며 살이 썩어 가는 병이에요.)

우리가 이런 왕들에 대해 많이 알고 있는 이유는 그들이 국민을 통치했던 사람으로 역사책에 나오기 때문입니다.

또한 우리가 그들에 대해 많이 알고 있는 것은 **왕**이었기 때문입니다.
대부분의 평범한 사람은 가정을 꾸리고 열심히 일했지만, 아무도 그들에 관해
책을 쓰거나 거대한 궁전과 왕관을 주지 않았고, 우리가 그들의 삶에 대해
배우지도 않지요.

사람들은 살면서 결혼하고, 사랑에 빠지고, 아이를 낳고, 이혼하고, 재혼하기도
하고, 죽을 수도 있고, 죽을 때까지 혼자 지내거나 다른 사람과 아이를 낳기도
합니다.
실제 가족 관계는 매우 복잡해서 아래 그림처럼 깔끔하게 정리되지 않습니다.
우리 조상들의 가계도는 훨씬 더 혼란스럽고, 엉망이고 복잡합니다.

가지를 뻗은 가계도 대신 거미줄처럼 얽혀 있는 가계도를 생각해 보세요.
'가족 거미줄'이라는 단어가 좋은 느낌을 주지는 못하지만요.
여러분은 가족이 꽤 지루하다고 생각할 수도 있습니다. 엄마는 유명한 축구
선수가 아니고, 아빠는 틱톡 슈퍼스타가 아니며, 여동생은 공주가 아니니까요.
그렇다면 이제 여러분의 조상들을 다시 만날 시간입니다.
믿거나 말거나, 왕, 황제, 전사 중 일부는 여러분의 **조상**입니다.

맞습니다, 전하. 고개 숙여 인사드립니다. 물론 여러분이 개인적으로 왕족과
관련이 있고, 왕위 계승 서열이 5,723,642번째쯤 되는 이유를 설명하려면
계산을 해 봐야 하지만, 그만한 가치가 있을 것이라고 약속합니다.

왕족 계산

이제부터 해 볼 계산은 약간 까다롭지만 걱정하지 마세요. 시험은 없고, 마지막에 멋진 걸 발견하게 될 테니까요. 여러분 모두 스스로를 아주 자랑스러워할 겁니다.

자, 그럼 시작해 볼까요? 아주 당연한 것부터 시작하겠습니다.

이 세상 모든 사람에게는 두 명의 부모가 있었습니다.

당신이 그들을 알든 모르든, 그들과 함께 살든 살지 않든, 모든 인간은 두 사람, 즉 한 여자와 한 남자가 낳은 존재입니다. 지금은 기술이 발전되어 같은 성별의 커플이 아기를 가질 수 있고, 남성과 여성의 다른 조합도 가족을 꾸릴 수 있지만, 생물학적인 핵심은 아기는 남성의 정자와 여성의 난자가 결합해 만들어지는 결과물이라는 것입니다.

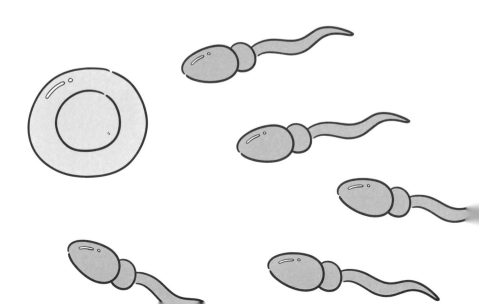

기억하세요! 모든 사람에게 두 명의 부모가 존재한다는 게 핵심입니다. 부모가 두 명이라는 것은 바로 위 세대에 두 사람이 있다는 뜻입니다. 여러분의 엄마와 아빠도 각각 둘씩 부모님(여러분의 조부모님)이 있었으니, 그 세대에는 네 명의 조상이 있습니다. (알고 있겠지만, 그중 일부 조상은 꽤 나이가 많을 수 있습니다.) 그리고 증조부모는 8명, 고조부모는 16명, 그 위는 32명입니다.

이렇게 계속 따져 볼 수 있지만, 과거를 거슬러 올라가다 보면 여러분의 뇌가 녹아서 귀로 새어 나올 수도 있으니, 이다음부터는 다른 도움이 필요합니다. 과학자들은 이런 계산을 할 때, 대부분이 20대에 아이를 낳는다고 추정합니다. (물론 더 어리거나 나이 든 사람들도 많지만요.) 계산을 쉽게 하기 위해서 평균 나이를 약 25세로 가정합니다. **즉, 100년마다 한 가족에는 4세대가 존재하며, 당신에게는 100년 전에 살았던 16명의 고조부모가 있다는 뜻입니다.**

12세대를 거슬러 올라가면 300년(12세대 × 평균 나이 25세)이 되므로, 300년 전의 조상은 2×2×2×2×2×2×2×2×2×2×2×2명입니다. 즉, 4096명이에요. **엄청납니다.** 여러분에게는 4096명의 할머니의 할머니의 할머니의…… 할머니와 할아버지의 할아버지의 할아버지의…… 할아버지가 있습니다.

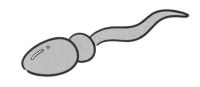

그 조상님들이 모두 명절에 용돈을 주시면 좋을 텐데요. 불행히도 그들은
몇 세기 전에 돌아가셨습니다.

약 1000년 전으로 거슬러 올라가 봅시다. 제가 유럽에 살고 있으니 유럽 얘기를
해 볼게요. 당시 영국의 왕은 크누트라는 사람이었는데, 그는 강했지만 자연에
맞설 만큼 강하지는 않아서, 파도를 막을 수는 없다는 걸 보여 준 왕*으로
알려져 있습니다. 1066년 헤이스팅스 전투에서 화살에 눈을 맞은 해럴드왕도 이
시기에 태어났어요. 아일랜드에서는 국왕 맬 세크나일 2세가 사망했고,
스웨덴의 국왕 올로프 스쾨트코눙도 사망했습니다. 폴란드의
왕은 철자가 코울슬로와 거의 똑같은 보울슬로 더
브레이브라는 사람이었습니다. 한편 북아프리카에서는
알 무이즈 이븐 바디스라는 14세 소년이 이프리키야(현대의 튀니지)에서
정권을 장악하고 왕이 되었고요.

그러니까 약 1000년 전에는 유럽을 비롯한 전 세계에서 온갖 일이 벌어지고
있었다는 말입니다. 이제 조상의 수를 다시 계산해 봅시다.

1000년 = 40세대. 즉, 조상의 수는 다음과 같습니다.

2×2×2×2×2×2×2×2×2×2×2×2×2×2×2×2×2×2×2×2
×2×2×2×2×2×2×2×2×2×2×2×2×2×2×2×2×2×2×2×2

* 크누트왕은 파도를 향해 멈추라고 소리쳤지만 끊임없이 밀려드는 파도에 자리를 피할
  수밖에 없었다.

이걸 계산하면……

잠깐만요,

1,099,511,627,776

이는 1000년 전으로 거슬러 올라가면 **1조 995억 1162만 7776명**의
조상이 있었다는 뜻이 됩니다.

처음 이 계산을 했을 때는 '잠깐만, 이건 말도 안 돼!'라고 생각했습니다. 왜냐고요? 지난 50만 년 동안 지구에 살았던 모든 호모 사피엔스의 수를 추산해 보면 약 1070억 명으로 나오기 때문입니다. **이것은 불과 1000년 전 조상 수의 10퍼센트밖에 안 되는 수입니다.**

음…… 이게 대체 무슨 일이죠?

계산대로라면 가계도에 1조 995억 1162만 7776개의 자리가 있어야 한다는 뜻이에요. 하지만 실제와는 차이가 많습니다. 한 사람이 가계도에서 다양한 위치를 차지하니까요. 내 형제의 조상이 나와 같은 조상을 공유한다는 걸 생각하면 금방 알 수 있습니다.

실제 가계도는 매우 혼란스럽습니다. 할머니의 할머니의 할머니의 할머니가 자녀를 낳고, 그 자녀가 또 자녀를 낳고, 그 자녀가 완전히 낯선 사람일 정도로 아주 먼 친척을 낳았을 수도 있어요. 그중 한 남자와 한 여자가 함께 아기를 낳았다면 아기의 조상 할머니 중 어떤 분은 여러 명의 조상 할머니가 될 수 있습니다. 실제로 이런 일이 일어날 가능성이 꽤 높아요.

가계도는 시간에 따라 가지를 뻗어 나가면서 확장하지 않습니다. 실제로 몇 세대가 지나면 가계도는 엉키기 시작해요. 가계도의 선이 서로 만나기 시작하면 어떤 사람은 가계도에서 여러 위치에 있게 됩니다. 이제 앞에서 계산했던 엄청난 숫자가 어떻게 나올 수 있는지 이해가 되나요?

시간을 거슬러 올라갈수록 더 많은 선이 만나게 됩니다. 여러분의 조상 중 한 명은 여러분의 할아버지의 할아버지의 할아버지의 할아버지면서 동시에 여러 사람의 할아버지가 될 수도 있습니다. 그리고 시간을 계속 거슬러 올라가다 보면 정말 말도 안 되는 일이 벌어집니다.

모든 사람의 가계도에 있는 모든 선이 서로 충돌하는 것이지요.

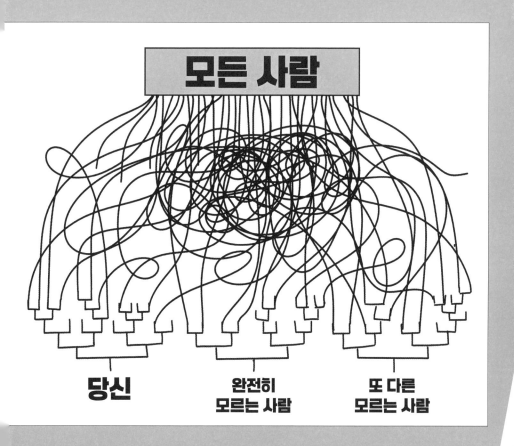

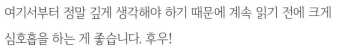

여기서부터 정말 깊게 생각해야 하기 때문에 계속 읽기 전에 크게 심호흡을 하는 게 좋습니다. 후우!

가계도가 실제로 얼마나 오래됐는지 계산해 보면, 가계도의 모든 선이 **모든 사람**을 연결하는 때가 나타난다는 것을 알 수 있습니다. 가계도의 모든 가지가 어느 시점에 서로 만난다는 것은 그때 살았던 사람들이 나의 조상만이 아니라 모두의 조상이라는 뜻이 됩니다.

우리는 이를 **동일 조상 시점**이라고 부릅니다.

그 당시 살아 있는 모든 사람(현재 살아 있는 후손이 있는 사람)이 현재 살아 있는 모든 사람의 조상이라는 뜻입니다.

잠시 생각해 보세요. 동일 조상 시점에 살았고, 현재 살아 있는 후손이 있는 모든 사람은 현재 살아 있는 모든 사람의 조상입니다.

동일 조상 시점이 언제인지 알아내려면 이 페이지에 다 싣기 어려울 정도로 까다로운 수학이 필요합니다. (다행히도!) 하지만 과학자들이 유럽 전체를 대상으로 이 계산을 해 본 결과 동일 조상 시점은 다음과 같습니다.

1000년 전

모든 사람은 부모가 두 명이기 때문에 1000년 전 가계도에는 1조 개 이상의 자리가 있어야 한다고 했던 것을 기억하나요? 그 당시 유럽에 **살아 있던** 인구는 수백만 명에 불과했는데요.

따라서 그 1조 개의 자리는 모두 실제 살아 있었던 사람으로 채워져야 하고, 이는 기본적으로 그 시점에 살아 있던 모든 사람은 모든 사람의 가계도에 있다는 것을 의미합니다.

만약 여러분이 1000년 전 유럽에 살았고 현재 살아 있는 후손이 있다면, 이 말은 바로……

여러분이 오늘날 모든 유럽인의 조상이라는 뜻입니다.

그러니 그때 누가 살아 있었는지 기억하세요. 크누트, 해럴드, 올로프 스쾨트코눙…… 1000년 전의 모든 왕들이요!

하지만 여러분이 그 옛날 죽은 왕들의 후손인지 알기 위해서는 현재 살아 있는 그들의 후손이 있는지 알아야 합니다. 글로 남겨진 기록은 불완전해서 그것만으로는 알 수 없거든요.
그래도 문제없어요. 일단 1000년 전으로 돌아가 샤를마뉴왕을 소개해 드리겠습니다.

샤를마뉴왕은 742년경에 태어났습니다. 아버지는 프랑크족의 왕이었는데, 프랑스라는 이름이 바로 프랑크족에서 유래했습니다. 프랑크족은 북유럽에서 프랑스로 이주한 게르만 부족으로, 과거에는 갈리아라고 불렸습니다.

샤를마뉴는 중세의 지도자 중 한 명이었어요. 그는 아버지처럼 프랑크족의 왕이었다가 774년부터 롬바르드 왕국(현재 북부 이탈리아의 절반 정도에 해당)의 왕이 되었습니다. 그리고 800년에는 신성 로마 제국의 첫 번째 황제가 되어 유럽 대부분을 통치했습니다. 그리고 그는 최소 **18명의 자녀**를 낳았습니다.

사람들은 가계도를 보면서 자신이 누구와 친척 관계인지 알아보는 것을 좋아합니다. 샤를마뉴는 왕이었기 때문에 우리는 그의 가계도를 잘 알고 있으며, 오늘날 많은 사람이 그가 자신의 40대조 할아버지인 것을 알아냈습니다. 네덜란드의 한 가족은 그들의 가계도를 샤를마뉴까지 추적했어요. 배우 크리스토퍼 리(영화 〈스타워즈〉에서 두쿠 백작 역, 〈반지의 제왕〉에서 사루만 역을 맡은)도 자신의 가계도에 샤를마뉴가 있다는 것을 밝혀냈지요. 하지만 샤를마뉴는 동일 조상 시점 이전에 살았습니다. 이게 무슨 뜻이냐면……

샤를마뉴가 여러분의 40대조 할아버지일 수 있다는 뜻입니다!

그와 여러분 사이에는 너무 많은 간극이 있어서 가계도에 표시하지 못할 수도 있습니다. 하지만 수학적으로는 옳기 때문에 확실히 사실입니다. 샤를마뉴에게 살아 있는 후손이 있고 동일 조상 시점 이전에 살았다면, 그는 **유럽의 모든 사람**의 조상입니다. 즉, 당신에게 유럽인 조상이 있다면……

당신은 샤를마뉴의 후손입니다.

이 계산은 유럽에만 적용되지만, 세계 어디에서나
비슷한 계산이 적용될 수 있습니다.

당신이 동아시아 사람이라면 가계도 상단에 칭기즈 칸이 있을 것입니다.

1162년경 몽골 북부에서 태어난 칭기즈 칸은
몽골 제국을 세워 나라를 확장했고, 몽골뿐만 아니라
세계 전체에도 큰 영향을 미쳤습니다. 중국을 정복하고
동유럽까지 제국을 확장한 사람으로, 수천 명을 죽이고
수백 명의 자녀를 낳았습니다.
오늘날에도 그의 후손이 살아 있다는 것은 **칭기즈 칸이 오늘날 모든
동아시아 사람의 조상임을 의미합니다.**

머릿속이 꽤 복잡해졌죠? 이 모든 것이 거짓말처럼 느껴질 수도 있지만, 우리는
사실이라고 확신합니다. 과학은 느낌과 상관없이 정확하게 계산할 수 있는 것을
다루니까요.

여러분은 확실히, 절대적이고, 수학적으로 옳은 100퍼센트 왕의 후손입니다.

이것은 여러분이 동일 조상 시점 이전에 살았던 모든 사람(현재 살아 있는 후손이
있는!)의 후손이라는 의미이기도 합니다.

더 먼 조상을 만나 볼까요?

당시 바이킹은 덴마크와 노르웨이에서부터 항해해 내려오면서 영국과 프랑스 해안을 비롯한 유럽 전역을 습격했습니다. 일부 바이킹은 프랑스에 정착한 후 1066년 노르만인이 잉글랜드를 정복하면서 영국으로 건너왔습니다.

그럼 당신에게 유럽인 조상이 있다면……

그게 무슨 뜻이라고 했죠?

당신의 조상은 바이킹이기도 했어요.

앵글로색슨족, 로마인, 켈트족 그리고 무시무시한 전사들도요. 또한 농부, 도공, 옷과 신발을 만드는 사람, 요리사, 족장, 공주, 현명한 여성 등등 그 부족의 매우 평범한 사람이었다는 뜻이기도 합니다.

이 계산은 유럽인 조상을 가진 사람들에게 적용됩니다. 그렇지만 오늘날 영국에는 전 세계에서 이주해 온 많은 사람이 살고 있어서 그들의 수백 년 전 가계도에는 유럽인이 전혀 없을 수도 있습니다. 그렇다고 걱정할 일도 아니에요. 큰 차이가 없으니까요.

전 세계의 동일 조상 시점을 계산해 보면⋯⋯

약 5000년 전입니다.

그때의 세상은 완전히 다른 곳이었습니다. 아마도 학교에서 배웠을 거예요.
석기 시대가 끝나고, 청동으로 도구와 무기를 만들기 시작한 청동기 시대였지요.
문자가 발명되어 역사를 기록할 수 있게 되었고요.

즉, 오늘날 지구상의 모든 사람은 과거 지구에 살았던 모든 사람의 후손
(그들에게 살아 있는 후손이 있는 한)이라는 뜻입니다. 부모님이나 조부모님,
증조부모님이 페루, 오스트레일리아, 러시아, 중국, 케냐 어디에서 왔든 상관없이
여러분 모두의 가계도에는 왕과 여왕, 황제, 전사가 있습니다.

우리는 모두
왕의 후손입니다.

감자왕의 후손

믿거나 말거나,
난 **에드워드왕**의
직계 후손이에요.

네…, 묘하게
닮았네요!

에드워드왕
포테이토

CHAPTER 6

 타고난 피부

우리는 모두 하나의 종이고, 아프리카에서 왔다는 사실을 알게 되었습니다.
그리고 오늘날 살아 있는 모든 인류가 놀라울 정도로 밀접하게 연관되어
있다는 사실도 알게 되었습니다. 인류는 전 세계 곳곳을 돌아다니며 살아왔고,
모든 곳에서 가족을 이루었습니다. 또한 우리는 모두 왕의 후손입니다. (수천 년
전으로 거슬러 올라가면 다른 모든 사람의 후손이기도 합니다.)

우리가 어떻게 같고, 어떻게 같은 조상을 가졌는지, 어떻게 같은 종인지에 대해
이야기했습니다. 하지만 분명하고도 매우 중요한 사실도 알아야 합니다.

우리는 모두 다릅니다!

우리는 모두 똑같은 척할 수 없습니다. 전혀 사실이
아니기 때문입니다. 우리는 서로 다르게 생겼고, 다르게
행동하고, 다른 것을 좋아합니다. 여러분은 수학이나
미술, 역사, 축구, 춤추기를 잘할 수도 있습니다. 라면,
햄버거, 카레, 파스타를 좋아할 수도 있고요.

인간을 연구하는 과학자, **인류학자**는 사람들이 어떻게 서로
다르고, 왜 좋아하는 것과 싫어하는 것이 다른지 이해하려고
노력합니다. 이러한 차이 중 일부는 생물학적 차이로, 우리가
서로 다른 유전자를 가지고 있다는 것을 의미합니다.
일부는 사회적 또는 문화적 차이로, 옷차림이나 취미, 의견 등
가족 및 친구들과 함께 생활하고, 살아가는 과정에서 사회와
환경으로부터 배우는 것들입니다.

유전자를 타고나서 수학이나 달리기, 글쓰기를 잘할 수도
있지만, 타고난 재능이 없어도 연습을 통해서 잘할 수 있습니다.
영양분이 풍부한 토양이 있어도 씨앗을 심고 식물을 정성껏 돌봐야
잘 자라는 것과 비슷합니다.

피부색, 머리카락, 사용하는 언어, 부모나 조부모의 출신 지역 등
어떤 요소들은 우리를 서로 달라 보이게 합니다. 그런데 이러한 차이가 우리를
모욕하거나, 무언가를 다른 사람만큼 잘하지 못한다고 말하는 데 이용된다면
어떨까요? 우리는 자기 자신을 다른 사람들과 매우 다르다고 느낄 수 있습니다.

사람은 유전자와 환경 그리고 문화가 아주 복잡하게 혼합된 동물입니다.
이를 이해하기 위해서는 **역사가 어떻게 우리 몸의 차이를 드러나게
했는지, 문화가 어떻게 우리의 행동을 변화시켰는지** 살펴봐야
합니다.

앞 장에서는 매우 오래된 고대와 지난 수천 년 동안 인류가 공유한 가계도를
다루었습니다. 우리가 알고 있는 역사는 대부분 왕이나 여왕, 황제 같은
통치자를 중심으로 기록되었으며, 이들은 우리의 문화를 형성하는 데
중요한 역할을 했다는 것을 알았지요.
또한 역사를 들여다보면 어떤 사람은 다른 사람들보다 많은 권력을
가지곤 합니다. 그중에는 공정한 마음으로 통치하는
사람도 있지만, 어떤 이는 전쟁을 일으키거나 폭력을
일삼는 잔인한 괴물이었습니다. 지난 수천 년 동안,
그리고 지난 수백 년 동안은 더욱 그랬습니다.

우리가 말하는 우리의 이야기

인류는 살아오는 내내 점점 더 넓은 세계로 나아갔어요. 탐험과 교역을 하거나, 전쟁을 치르고 다른 나라를 정복하면서 다른 사람들을 만나는 일이 많았습니다. 이런 과정에서 자원의 분배는 불평등하게 이루어지곤 했어요. 어떤 사람들은 가난하고 또 어떤 사람들은 부자가 되었지요. 누군가는 더 많은 물건을 팔았고 누군가는 다른 이를 지배했습니다. 또 누군가는 단순히 다른 사람들의 재산을 빼앗거나 폭력적으로 땅을 점령했습니다.

예를 들어, 탐험가 크리스토퍼 콜럼버스는 아메리카 대륙을 발견했습니다. **하지만 그곳에는 이미 수백만 명의 사람들이 살고 있었기 때문에 그들이 사는 곳을 굳이 발견할 필요는 없었습니다.**

콜럼버스는 아메리카 대륙에 상륙한 최초의 유럽인으로 알려져 있어요. 하지만 동시에 땅을 점령하기 위해 사람들을 살해하는 등의 잔인성을 보였다는 것도 기억해야 합니다. 콜럼버스는 다른 사람들이 자신에게 복종하도록 경고하기 위해 원주민을 만나면 그들의 손을 자르는 짓도 서슴지 않았습니다. 아주 끔찍한 짓이었지요.

역사를 들여다보면 이처럼 믿을 수 없을 정도로 잔인한 일을 저지른 사람들이 가득합니다. 이런 사람들이 자신이 한 짓을 정당화했던 방법 중 하나는 자신이 **다른 사람들보다 우월하다고 믿는 것**이었습니다. 자신들이 더 똑똑하거나, 더 세련되거나, 더 진보된 기술을 가지고 있거나, 올바른 종교적 신념을 가지고 있다고 생각했지요.

색으로 구분하기

전 세계 사람들 사이에는 유전적인 차이도 있고, 살아온 삶과 문화에 따른 차이도 있습니다. 사람들 사이의 다른 점을 가장 쉽게 확인할 수 있는 것 중 하나는 바로 **피부색**입니다.

피부색은 우리가 새로운 사람을 만날 때 가장 먼저 눈에 띄는 것으로, 수백 년 동안 사람들의 순위를 매기거나 힘 있는 사람들이 자신의 우월성을 나타내는 수단으로 이용됐습니다.

피부 색소는 수 세기 동안 인종을 나타내는 지표이자 인종 차별의 근거가 되어 왔습니다. 여기에서는 **어떻게 그런 일이 있을 수 있었고, 그 의미는 무엇인지** 살펴봐야 합니다.

인간은 모든 감각을 사용하지만, 특히 시각이 예민한 편입니다. 그렇지만 시각으로는 자세히 보지 않는 한 강아지의 성별조차 구분하기 어렵지요. 물론 강아지도 사람을 구별할 때 같은 어려움을 겪겠지만, 우리보다 후각이 뛰어나므로, 냄새로 구별할 수는 있을 겁니다. **우리는 처음 만났을 때 서로의 체취를 맡는 개와는 다릅니다.** 우리는 사람의 맛을 보려고 핥지도 않지요. (그건 정말 이상하니까 절대 하지 마세요.)

당신을 알아가는 중

이것은 아마도 쿨리지의 가장 잘 알려진 그림일 겁니다. <포커를 치는 개들>입니다.

그리고 여기 그의 덜 유명한 후기 작품 중 하나인 <당신을 알아가는 중>이 있습니다.

또 다른 경우를 볼까요?
박쥐는 청각에 의존합니다.
소리가 울려 퍼지고 어디에서
되돌아오는지 듣는 방식으로
음파에 의한 반향 위치
측정을 이용합니다.
그러나 아까 말했던 것처럼
인간은 시각을 통해 한
사람과 다른 사람의 신체적
차이를 파악하고, 종종

여기가 대체 어디야?

문화적 차이까지도 파악합니다. 그리고 가장 즉각적으로 눈에 띄는 차이점 중
하나는 피부색이지요. 물론 머리 모양이나 키, 성별도 파악할 수 있지만
피부색은 다른 어떤 것보다 먼저 눈에 띕니다.

그런데 또 재미있는 점이 있어요. 우리의 시각은 빨강, 파랑, 초록의 세 가지 주요
색을 감지하고, 뇌에서 이를 혼합하여 실제로는 다양한 색을 보게 합니다.
하지만 우리는 피부색을 말할 때, 매우 단순하게 표현합니다. 흑인, 백인,
황인…… 처럼요. 주위를 둘러보세요. 실제로 종이처럼 하얀 피부를 가진
사람이 있나요? 밤하늘처럼 검은 피부를 가진 사람은요? 당연히 없겠죠.
피부색을 이런 식으로 묘사하는 것은 정확하지 않습니다.

실제로 **피부색은 수백만 가지**가 있으며, 살아가는 동안 그리고 신체 부위에
따라 달라집니다. 발바닥이나 손바닥은 얼굴이나 팔의 피부와 같은 색이
아니지요. 또 햇빛을 쬐면 피부색도 변합니다.

오늘날 아프리카 대륙에는 10억 명이 넘는 사람들이 살고 있습니다. 그들이 모두 같은 피부색을 가지고 있다고 생각하나요? 그렇지 않습니다. 하지만 우리는 이들을 모두 흑인이라고 부릅니다. 왜 그럴까요?

우리가 눈 색깔을 묘사하는 방식도 생각해 보세요. 갈색, 담갈색, 녹색, 파란색으로 표현하지만 자세히 살펴보면 **다양한 눈 색깔**이 존재합니다. 가장 옅은 파란색부터 가장 어두운 갈색까지, 그리고 그 사이에 있는 색은 놀라울 정도로 다양합니다. 어떤 사람들은 색만 다른 것이 아니라 눈에 반점이나 고리 무늬가 있기도 합니다.

홍채이색증

부모로부터 물려받은 유전자는 눈 색깔을 결정하는 데 큰 역할을 합니다. 하지만 이 과정은 매우 복잡합니다. 드물지만 어떤 사람들은 한쪽 눈에는 한 세트의 눈 색깔 유전자가 활성화되고, 다른 쪽 눈에는 다른 세트의 유전자가 활성화되어 양쪽 눈 색깔이 다를 수 있습니다. 일부 개에서도 (특히 허스키) 이러한 현상이 나타나요.

지금까지 눈과 피부의 색이 얼마나 복잡하고 다양한지, 백인은 백인이 아니고 흑인은 흑인이 아니라는 것을 이야기했습니다. 왜 이런 식으로 피부색에 관해 이야기하는지 궁금하지요?

이에 대한 답을 얻기 위해서는 역사를 살펴볼 필요가 있어요.
과학의 역사는 인종 차별의 역사와 매우 밀접한 관련이 있습니다. 이전 장에서
분류에 관해 이야기했던 것을 기억하나요? 그 부분은 인종 차별을 뒷받침하는
정치적인 이유와 더 깊은 이유를 설명하기 때문에 여기에서 다시 한번 다뤄야
합니다.

사람들이 정말 잘못 알고 있는 것

앞에서 살펴봤던 생물 분류 체계를 다시
이야기해 보겠습니다.
여기서 중요한 부분은 '종'입니다.
침팬지는 판 트로글로디테스, 돌고래는
델피너스 델피스, 고양이는 펠리스
카투스입니다. 고릴라는 고릴라 고릴라로,
속명과 종명이 같아서 약간 혼란스러울 수
있습니다.

그리고 우리는 **호모 사피엔스**입니다.
이것이 오늘날 우리가 과학에서 사용하는
체계입니다.

역 진핵생물역
계 동물계
문 척삭동물문
강 포유강
목 영장목
과 사람과
속 사람속
종 사람

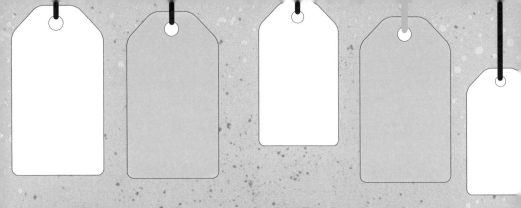

생물의 이름을 붙이고, 분류하는 분야를 **분류학**이라고 하며, 18세기에 스웨덴의 칼 린네가 제안했습니다. 그는 우리를 포함한 식물과 동물 등 모든 생물을 분류하여 연구하고, 이름을 붙이고, 그들이 속한 그룹을 알아내고자 했습니다.

또한 린네는 전 세계 사람들이 서로 다르게 생겼다는 것을 알았고, 종을 구분하기 위해 또 다른 범주를 추가했습니다.

나중에 일부 과학자들이 고릴라의 아종에 이름을 붙이려고 시도했고, 한 고릴라 그룹에 붙인 이름은 **고릴라 고릴라 고릴라**였어요. 말도 안 되는 일이라고 생각할 수 있지만, 이게 사실입니다!

린네는 유럽인들이 세계를 탐험하며 아프리카, 아시아, 아메리카의 많은 나라를 점령하던 시기에 활동했어요. 유럽인들은 다른 나라를 식민지로 삼아 제국을 건설하고 있었고, 많은 경우 이미 그곳에 살고 있던 사람들을 노예로 삼거나 심지어 살해했습니다. 린네를 비롯한 당시의 많은 사람이 전 세계 사람들을 관찰하고, 외모에 따라 분류했기 때문에 일어난 일이었어요. 그리고 가장 먼저 사람을 분류하는 데 사용한 것은 피부색이었던 것이죠.

'검은색' 피부를 가진 아프리카인, '노란색' 피부를 가진 아시아인, '붉은색'
피부를 가진 아메리카 원주민, '하얀색' 피부를 가진 유럽인. 이렇게 네 가지
범주를 만들었습니다. 당시 4개 대륙을 기준으로 인간을 네 가지 종류로
분류했죠. (물론 우리가 알고 있다시피 지금은 7개의 대륙으로 나눕니다.)

아무리 오래전의 일이라고 해도 정말 **어리석고 무의미한** 분류였다는 것을
알 수 있습니다.

동아시아 출신 사람의 피부가 노랗지 않은 것처럼, 아메리카 원주민(즉, 유럽인이
점령하기 전에 아메리카 대륙에 살았던 사람들)은 붉은 피부를 갖고 있지 않습니다.
아프리카 출신은 대부분의 유럽인보다 평균적으로 피부색이 어둡지만, 오늘날
아프리카에는 10억 명이 넘는 인구가 살고 있고 전 세계의 아프리카 출신까지
합치면 훨씬 더 많습니다. 이들의 피부색은 매우 다양하고, 검은색은 확실히
아닙니다. 하지만 이런 분류는 이후 수 세기 동안 인간을 분류하는 기준으로
이용됐습니다.

안타깝게도 이러한 분류는 신체적 특징에만 근거한 것이 아닙니다.
린네(그리고 다른 많은 철학자, 사상가, 정치가, 과학자)는 그가 사람의 행동
방식이라고 주장하는 다른 특징들을 추가하여 사람을 분류했습니다.

이제 여기에서 심호흡을 한 번 하세요.

왜냐하면 그들이 말한 내용은 매우 인종 차별적이며, 심지어 인종 차별이 괜찮다고 생각하던 시대에서 나온 것이기 때문입니다.

린네를 비롯한 당시의 많은 과학자는 다양한 유형의 사람을 분류하는 데 그치지 않고, 최고에서 최하위까지 순위를 매겼습니다.
유럽의 백인이 최고였고, 그 외 다른 모든 사람은 열등하다고 주장했습니다.

(다시 한번 심호흡!)

린네의 연구에 따르면 아프리카인은 게으르고, 아시아인은 탐욕스럽고, 아메리카 원주민은 고집이 세지만, 유럽인은 똑똑하고 열심히 일하며 법을 준수한다고 여겼습니다. 미친 소리 같고 모욕적인 것을 알지만, 당시 사람들은 그렇게 믿었습니다.

이런 시도를 한 것은 린네만이 아니었습니다. 사람을 분류하는 모든 작업은 전부 **유럽 남성**에 의해 이루어졌으며, 그들은 자신들이 최고라고 믿었고, 그 누구도 이를 거스를 수 없다고 생각했습니다. 이런 주장을 '과학적 인종주의'라고 부르는데, 그들은 '과학'이 이러한 사실을 뒷받침한다고 주장했습니다.

사실 그것은 과학도 아니었고, 진실도 아니었고, 매우 인종 차별적이었습니다.

분명히 요즘에는 누군가 이런 끔찍한 말을 하면 과학적으로 틀릴 뿐만 아니라 잔인하고 차별적인 주장이기 때문에 큰 문제가 될 것입니다.
그래서 오늘날 린네와 같은 사람들에 대해 이야기할 때 주의가 필요합니다.

린네는 과학사에서 매우 중요한 인물이며, 과학을 하는 방법의 기초를 형성하는 업적을 이루었습니다. 하지만 그는 인종 차별이 지금보다 훨씬 쉽게 용인되고, 대부분의 유럽 백인이 다른 모든 인종보다 우월하다고 믿었던 시대에 살았습니다.

18세기 초의 과학자들은 피부와 머리카락 색으로 사람들의 행동 방식을 알 수 있고, 그 집단의 성격까지 파악할 수 있다고 생각했습니다. 피부색에 따라 사람들의 등급을 정했고, 이를 이용해 국가를 점령하고 심지어 노예로 삼는 것을 정당화했습니다.

지금 우리에게는 그런 '사실'이 정말 사실로 받아들여졌다는 것이 믿기지 않을 정도입니다. 그렇지만 안타깝게도 백인이나 흑인 같은 일부 명칭은 고착되어 오랫동안 사용되었습니다.

황인은 20세기 내내 인종 차별적인 용어로 쓰였지만, 다행히 요즘에는 거의 찾아볼 수 없습니다. 그러나 레드스킨과 레드인디언은 아주 최근까지 아메리카 원주민을 묘사하는 데 사용되었습니다. 워싱턴의 미식축구팀은 아메리카 원주민에 대한 인종 차별적 의미가 담긴 '레드스킨스'라는 이름을 87년 동안 사용했는데, 수년간의 압력 끝에 2020년 7월에야 폐기했습니다.

역사를 살펴보면 오늘날 우리가 인종에 대해 이야기하는 방식은 인종을 구분하는 게 옳다고 여겨지던 시대에 만들어진 것입니다. 지금도 계속 사용 중인 인종 명칭은 수백 년 전에 피부색을 설명하던 굉장히 우스꽝스러운 묘사와 관련된 것임을 알 수 있지요. 이 모두가 인간을 분류하는 정말 **끔찍한** 방법인 것도 알 수 있습니다.

아니, 저 인간이 누구더러 게으르다는 거야? 아프리카에 가 본 적도 없잖아!

중국도!

미국도!

CHAPTER 7

 피부색에 관한 진실

사람마다 피부색은 확실히 다르고, 이는 역사적인 기록에도 남아 있습니다. 고대 그리스인이 남긴 글에는 친구나 적의 피부색 이야기가 등장하기도 합니다. 아프리카의 국가 중에서 에티오피아라는 이름도 '어두운 얼굴'을 뜻하는 그리스어에서 유래했어요.

고대 이집트 그림에서도 다양한 피부색을 볼 수 있습니다. 박물관에 있는 하얀 대리석 조각상 때문에 고대 로마인과 그리스인은 피부가 창백했다고 생각할 수 있지만 과학자들은 조각상의 갈라진 틈에서 색칠했던 흔적을 발견했습니다. 고전 역사가들도 조각상이 원래는 매우 다양한 색으로 칠해져 있었다고 생각합니다. 다만 만들어진 지 수천 년이 지나면서 **물감이 벗겨지고** 그 밑에 있던 하얀 대리석만 남은 것이지요.

현재는 피부 색소 침착에 관여하는 유전자의 존재가 알려져 있습니다. 우리는 이미 태양이 가장 뜨거운 적도에서 멀리 이주하면서 밝은 피부로 진화했다는 사실을 알고 있지만, 전 세계적으로 피부색이 다양한 이유가 이것만은 아닙니다. 그것만이 이유라면, 적도에 사는 사람들의 피부색이 가장 어둡고 북쪽으로 갈수록 밝아져야 하지요. 대체로는 그런 경향이 나타나지만, 아프리카에서는 대륙의 위아래로 더 밝거나 어두운 피부색을 볼 수 있고, 인도, 동아시아, 오스트레일리아 등에서도 더 밝거나 어두운 피부색을 많이 볼 수 있습니다.

생물학 연구가 늘 그렇듯이, 무언가를 세밀하게 관찰하다 보면 언뜻 이해하기 쉽지 않은 매우 복잡한 양상이 나타날 때가 많습니다. 하지만 **'과학적 인종주의'** 시대에 사람들이 처음 피부색으로 인간을 분류하려고 할 때는 이런 복잡한 점들을 완전히 무시하고 말도 안 될 정도로 단순화해 버렸습니다.

DNA로 피부색(눈 색깔과 머리카락 색깔 등 '인종'이라는 개념을 만들어 내는 데 이용된 모든 것)을 이해하려고 할 때, 실제로 우리가 알아낸 것은 **인간의 색소에는 수십 개의 유전자가 관여하고 있으며 이러한 유전자의 미세한 차이가 피부색을 다르게 한다는 매우 복잡한 사실입니다.**

현재는 아주 오래전에 죽은 사람들의 DNA를 얻을 수 있어서 수천 년 또는 수만 년 전의 사람들이 어떤 피부색이었는지 밝혀낼 수 있지요.

이런 연구로 무엇을 알 수 있을까요?
수만 년 전 아프리카에 살았던 조상들은 오늘날의 유럽 백인보다 피부색이 더 어두웠지만, 매우 다양한 피부색을 가지고 있었다는 사실입니다.
실제로 호모 사피엔스가 존재하기 수십만 년 전부터 호모 사피엔스가 아닌 아프리카 인류도 다양한 피부 색소를 가지고 있었다는 사실이 밝혀졌습니다.

체다인

어두운 피부색을 가진 사람들은 전 세계에 걸쳐 존재했습니다.
1만 년 전, 영국에 살았던 호모 사피엔스 중에 체다인이라는 사람이 있었어요.
(이 사람이 체다라는 장소에서 발견되었기 때문이지, 치즈를 좋아했기 때문은 아닙니다.
치즈는 약 8000년 전에야 발명되었어요.)
2015년 과학자들은 체다인의 오래된 뼈에서 DNA를 추출해 그가 어두운
피부와 파란 눈에 관련된 유전자를 가졌다는 사실을 발견했습니다.

이로써 **적어도 1만 년** 동안 영국에 흑인이 살았고, 체다인은 우리의
조상이라는 사실이 다시 한번 입증되었습니다!

스웨덴과 북유럽의 다른 지역에서 발견된 약 8000년 된 뼈의 DNA를 살펴본
결과, 밝은 피부와 관련된 유전자는 **진화**를 통해 나타났다는 사실을
발견했어요. 이는 건강에 필요한 두 가지 화학 물질, 즉 **비타민 D**와 **엽산**의
균형이 깨졌기 때문이라고 추측합니다.

비타민 D는 건강한 뼈를 만드는 데 필수적이에요. 비타민 D를 만들기 위해서는
자외선이 필요하기 때문에 피부에 햇볕을 쬐면 도움이 됩니다. (하지만 과도한
햇빛은 일광 화상이나 암을 유발할 수도 있습니다.)
엽산은 아기가 엄마 배 속에서 건강하게 발달하는 데 도움이 됩니다. 하지만
자외선은 엽산을 분해하지요.

따라서 건강을 유지하려면 햇볕을 쬐어 비타민 D를 충분히 생성하면서도
엽산이 너무 많이 분해되지 않도록 균형을 맞춰야 합니다.

왠지 치즈 맛이 날 것 같아!

참고: 체다 협곡은 영국 서머셋 지방에 있는 마을에 있다.

어두운색 피부는 태양의 강한 **자외선**으로부터 피부를 보호하는 데 도움이 됩니다. 반대로 북쪽으로 갈수록 자외선이 약해지기 때문에, 북쪽에 사는 사람들은 피부가 밝을수록 더 오래 생존하고 건강한 아기를 낳을 확률이 높아지지요. 이렇듯 진화적으로 밝은 피부가 나타난 이유를 부분적으로 보면, 일부 사람들이 적도의 뜨거운 태양을 피해 북쪽으로 이동했기 때문이라고 볼 수 있습니다.

하지만 실제는 그보다 **훨씬 더** 복잡합니다. 사람들은 역사적으로 오랜 시간 여러 곳을 옮겨 다니며 다양한 곳에 정착해 왔으니까요.

예를 들어, 이누이트족과 유픽족은 매우 추운 아메리카 북부의 원주민입니다. 그들은 햇볕을 거의 쬐지 못했는데도 어두운 피부를 가지고 있었습니다.

겨울철 북쪽에서는 해가 오전 10시 이후에 뜨고 오후 4시 이전에 지기 때문에 학교에 갈 때도 어둡고, 집에 돌아올 때도 어둡거든요.

따라서 수 세기 동안 그곳에서 살아온 사람들은 햇빛이 많지 않은 환경에 적응해 왔고, 생선이 풍부한 식단을 통해 비타민 D를 섭취했습니다. 이것은 **지역 적응 진화**의 또 다른 예입니다.

삶의 다양성

피부색은 전 세계적으로 매우 다양합니다. 조상이 적도에 가까이 살았을수록 평균적으로 피부색이 더 어둡고, 북쪽으로 갈수록 태양빛이 약해지기 때문에 밝은 피부로 진화한 경향이 있어요. 하지만 인류는 세계 곳곳으로 이동했고, 가족을 이루면서 유전자가 사방으로 퍼져 나갔기 때문에 이것만으로 전체를 설명할 수는 없습니다.

어쨌든 피부색이 다양한 데에는 과학적인 이유가 있음을 알 수 있는데, 이것은 피부색 분류가 글자 그대로 단지 **피부색에 따른 구분**일 뿐이라는 것을 의미합니다.

마틴 루터 킹을 아나요?
그는 20세기 미국의 인권 운동가였습니다. 아프리카계 미국인의 권리를 위해 평생 투쟁했고, 1964년 노벨 평화상을 받기도 했습니다.

마틴 루터 킹의 활동 가운데 인종 차별과 관련한 아주아주 유명한 연설이 있습니다.

> 나에게는 꿈이 있습니다.
> 언젠가 나의 네 자녀가 피부색이 아닌
> 인격으로 평가받는 그런 나라에서 살게 되는
> 날이 오리라는 꿈입니다.

이것은 정말 아름다운 생각이면서, 피부색이 오랫동안 인종 차별의 큰 부분을 차지해 왔음을 반영하는 말이기도 합니다.

1964년까지만 해도 미국에 거주하는 흑인은 법에 따라 백인이 가는 곳에 갈 수 없었고, 버스의 특정 좌석에 앉을 수 없었습니다. **로자 파크스**에 대해 들어보았나요? 그녀 역시 미국의 인권 운동가로, 인종 차별이 심했던 1955년, 버스에서 백인 승객에게 자리 양보를 거부하면서 버스 보이콧 운동을 일으켰습니다.

영국은 미국과 달리 공식적으로 인종을 분리하는 구역이나 법은 없었어요. 하지만 인종 차별은 존재했지요. 1948년에 영국의 재건을 돕기 위해 자메이카에서 사람들이 배를 타고 건너 왔습니다. 그들은 영국을 도우려고 왔는데도 불구하고 인종 차별과 편견에 시달려야 했습니다.

당시 일부 카리브해 국가는 영국이 통치하고 있었어요. 때문에 카리브해 지역에 살던 많은 사람들이 영국군으로 전쟁에 참전했었지요. 전쟁이 끝난 후 국가 재건을 위해 도움을 요청하는 광고를 본 많은 이들이 고국을 떠나 영국으로 가서 도움을 주었습니다. 하지만 안타깝게도 극심한 차별을 당하고 말았지요.

1970년대와 1980년대에는 백인들이 자신의 얼굴을 검게 칠하고 흑인처럼 분장하는 '블랙 업'을 놀이로 즐기기도 했습니다. 정말 생각 없고 멍청한 행동이었죠. 그래도 지금은 많이 달라졌습니다.

다행스럽게도 지금은 흑인 역사의 중요한 인물과 그들이 우리 사회에 끼친 긍정적인 영향에 대한 인식이 많이 높아졌습니다.

하지만 인종 차별과 편견은 여전히 존재합니다.

흑인의 생명은 중요해

최근 들어 피부색에 관한 논의가 더 많아지고 있습니다.
2020년 미국에서 경찰관에게 살해당한 조지 플로이드 사건으로 인해 '흑인의
생명도 소중하다'는 운동이 미국을 비롯한 전 세계에서 일어났습니다. 이 사건은
큰 반향을 불러일으켰죠.

많은 사람이 학교에서 역사를 가르치는 방식에 문제를 제기했고,
**역사책에 유색 인종이 왜 이렇게 적게 등장하는지에 대해 질문을
던지기 시작했습니다.**

제가 살고 있는 영국을 예로 들자면, 피부색이 어두운 사람들은 이미 로마
시대부터 존재했습니다. 일부는 로마의 군인으로, 일부는 지도자로 활약했지요.
튜더 시대에는 헨리 7세와 헨리 8세의 궁정에서 존 블랭크 같은 사람들이
음악가로 일했습니다. 그리고 18세기 조지 왕조 시대에는 영국 전역에 최소
2만 명의 흑인이 있었습니다.

생명
존중

흑인의 생명도
소중하다

BLACK
LIVES
MATTER

오늘날 영국인은 피부색이 밝은 사람이 많긴 하지만, 인도나 파키스탄, 우간다나 에티오피아 같은 아프리카 국가, 카리브해 등 세계 각지에서 온 조상을 둔 수백만 명의 영국인이 있습니다.

현재 영국인의 피부색이 다양한 이유는 최근의 조상이 영국의 지배를 받았던 나라 출신이기 때문입니다. 즉, 그 나라의 사람들이 영국 시민이 되었고, 그중 많은 이들이 영국으로 이주했다는 뜻이지요. 저도 그중 한 명이고요. 여러분도 이런 친구들을 알고 있을 거예요. 부모님이나 조부모님이 세계 여러 나라 중 한 곳에서 태어났지만, 현재 살고 있는 나라의 국민이 된 아이들 말이에요. 저는 암발라바너 시바난단이라는 스리랑카 출신의 영국 작가가 남긴 말을 즐겨 사용합니다.

'당신이 그곳에 있었기에 우리가 여기 있습니다.'

수천 년 동안 사람들은 전 세계로 이동해 왔지만, 자신의 의지와 상관없이 전 세계로 이동당한 사람들도 있었습니다. 이는 전 세계 어디에서나 똑같이 적용되는 이야기입니다. 수백만 명의 아프리카 여성과 남성이 납치되어 집과 가족을 떠나 북아메리카와 남아메리카의 노예로 끌려갔습니다. 당연히 그들이 아메리카에 왔기 때문에 그들의 후손 또한 그곳의 국민입니다.

피부색이 중요한가요? **피부색은 여러분의 능력이나 행동에 대해 아무것도 말해 주지 않습니다.** 피부색이 검은색이든, 갈색이든, 하얀색이든 말이에요.

피부색으로는 고양이나 개를 좋아하는지, 수학이나 운동을 잘하는지, 춤을
잘 추는지에 대해서는 알 수가 없어요. 욕심이 많은지 친절한지, 똑똑한지
고집이 센지에 대해서도 아무것도 말해 주지 않습니다. 이 모든 것은 피부색과는
전혀 관련이 없습니다.

피부색이 우리의 가족, 조상, 배경에 대해 무언가를 말해 줄 수는 있습니다.
또한 피부색은 우리의 정체성과 문화의 중요한 측면이 될 수도 있지요.
인류를 구성하는 다양한 피부색은 우리 종의 복잡한 유전적, 역사적 여정을
반영하는 태피스트리를 만들어 냅니다. 저는 그것이 매우 특별하다고
생각하지만, 그렇다고 해도 그것은 다른 사람에게 우리의 관심사, 능력 또는
마틴 루터 킹의 말처럼 '우리 인격의 본질'에 대해서는 전혀 알려 주지 않습니다.

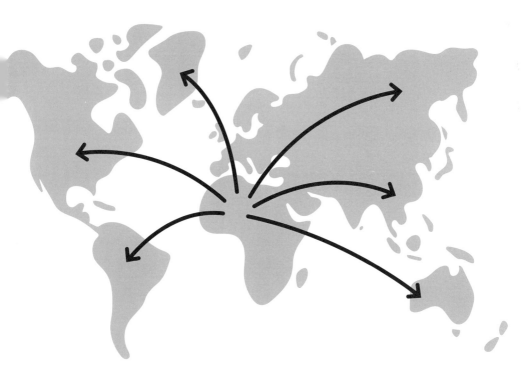

아직 갈 길이 멀다

CHAPTER 8

인종이란 무엇일까?

인종은 피부색이 아닙니다. 출신 지역도 아니에요.
심지어 가족이 어디에서 왔는지 나타내는 것도
아닙니다.

그렇다면 인종이란 무엇일까요?

존재하기는 할까요?

답은 '그렇다'입니다. 놀랐나요?
인종이 존재하는 이유는 과거에 **인종이 존재한다고 판단했던** 사람들이
있었기 때문입니다. 린네를 비롯한 역사 속 사상가와 과학자들은 인종이
과학적으로 생물학에 속하고, 피부색과 가장 분명하게 연관되어
있다고 생각했습니다. 그래서 인간을 설명하고, 분류하거나,
심지어 순위를 매기는 수단으로 **인종이라는 개념을
발명**했습니다.

또한 인종은 고정되어 있어서 다른 인종으로 바뀔 수 없다고 생각했습니다.
백인과 흑인, 황인의 특성이 다르고, 이런 특성이 우리 세포에 고정되어 있다고
여겼습니다. 그때는 우리가 DNA의 존재를 알기 전이었지만, 그들은 인종을
마치 DNA처럼 사람을 구분하는 고유한 생물학적 특징이라고 생각했던 것이죠.

하지만 오늘날 우리는 DNA와 유전자에 대해 알고 있으며, 우리 종의 역사를
추적할 수 있습니다. 피부색에 관여하는 유전자를 살펴볼 수 있고, 지난 수천 년
동안 사람들이 전 세계로 어떻게 이동했는지도 알 수 있습니다.

그리고 우리는 **전 세계 사람들의 DNA를 비교할 수 있습니다.**

최근 몇 년 동안 DNA는 사람마다 다르지만, 직계 가족과 이웃, 같은 나라 사람들은 비슷한 DNA를 가질 가능성이 더 높다는 사실이 밝혀졌습니다.

저와 같은 유전학자는 시험관에 침을 뱉기만 하면 세포에서 DNA를 얻을 수 있습니다. 하지만 정말로 그러고 싶지 않아요. 침이 있어야 할 가장 좋은 곳은 입 안이고, 침 뱉기에 적합한 다른 곳은 없다는 걸 기억하세요!

몇 가지 분석을 해 보면 여러분의 가족이 여러 세대 동안 어디에 살았었는지 그 역사를 알아낼 수 있습니다. 여러분의 부모님과 조부모님이 어디에서 왔는지, 여러분과 DNA가 가장 유사한 사람은 전 세계 어디에서 발견되는지 확인할 수 있으며, 이를 통해 **여러분의 조상이 어디에서 왔는지 추측**할 수 있습니다.

그렇다고 해서 여러분이 **어떤 인종인지 알 수 있을까요?**
절대 아닙니다!

린네와 다른 과학자들이 생각해 낸 인종 분류는 DNA가 우리에게 알려 주는 것과 일치하지 않기 때문입니다.

오늘날 아프리카 사람들은 유럽 백인들과 비교했을 때보다
아프리카 사람들 간에 다른 점이 더 많습니다. 실제로 나이지리아
출신 부모나 조부모가 있는 사람이라면, 나미비아 출신보다 중국
출신과 더 많은 공통점을 가지고 있을 거예요.

DNA에 대해 알면 알수록 우리가 인종에 대해
이야기하는 방식이 말도 안 된다는 것을 알 수
있습니다. 흑인이 동아시아 사람보다 다른 흑인과 더
많이 다른데 어떻게 같은 인종으로 묶을 수 있겠어요?

인종은 수 세기 전의 옛날 과학자들이 만들어 낸 개념이고,
지금은 잘못된 것으로 판명 났지만, 안타깝게도 모든 사람이
유전학자는 아니라서 우리는 인종이라는 단어를 사람들이 어디에서 왔는지
파악하는 도구처럼 사용하고 있습니다.
즉, 인종은 실제로 존재하는 것이지만 우리 DNA에 기록되어 있지는 않습니다.
대신 인종은 **사회적 구성물**입니다. 사회 유지를 위해 많은 이가 합의하는
것을 가리키는 일종의 기술적인 용어지요.

사회적 구성물도 중요합니다. 시간도 사회적 구성물이에요. 지구는 자전축을
중심으로 자전하고, 지구가 완전하게 한 바퀴 돌면 우리는 그것을 '하루'라고
부릅니다. 지구가 태양을 한 바퀴 돌면 1년이라고
부르지요. 그럼 하루에 24시간이 있는 이유는
무엇일까요?

오후 12시가 점심시간이고 오후 3시가 간식 시간인
이유는요? 간단합니다. 우리가 그렇게 정한 것
외에는 특별한 이유가 없습니다. 이런 합의가 없다면
모두가 화를 내고 아무것도 이루어지지 않을 거예요.
학교에서 해 볼까요? 수업 시간에 늦게 나타나서 선생님께
시간은 실제가 아니라 사회적 구성물일 뿐이라고 설명해 보세요.
(사실, 그렇게 하면 곤경에 처할 수 있으니 시도하지 마세요. 설령 혼나더라도 절 탓하지
마시고요.)

합의된 시간

돈도 마찬가지입니다. 동전이나 지폐는 실제로 가치가 전혀 없습니다! 다만 무언가를 살 때 돈이 그만큼의 가치를 가진다고 우리가 합의했을 뿐이지요. 그런 의미에서 돈은 사회적 구성물입니다. 하지만 이 지식을 물건을 살 때 적용하지 마세요. 가게에서 바로 쫓겨날 테니까요!

사회적 구성물은 사물을 분류하는 것처럼 질서와 체계를 제공하기 때문에 우리가 주변 세계를 이해하는 데 도움을 줍니다. 그래서 오늘날에도 인종을 여전히 사용하고 있습니다. 피부색과 신체적 특징으로 다른 사람을 바라보는 것은 과거의 사람들이 인종이라는 사회적 구성물을 '창조'했기 때문인데도요. 그것이 과학적으로 옳지 않다고 지적하는데도요!

인종의 발명

이전 장에서 과거 과학자와 정치인들이 인종을 어떻게 결정했고, 우리가 어떻게 사용하게 되었는지 살펴봤습니다. 이러한 분류는 백인이 우월하기 때문에 다른 나라와 사람들을 지배할 수 있다고 주장하기 위해 만들어졌습니다.

지금 우리는 이 사실에 기분 나빠 할 필요는 없지만, 실제로 일어난 일이었다는 것을 **아는 것이 정말 중요합니다.** 그래야 다시는 이런 일이 생기지 않도록 노력할 수 있습니다.

인종의 발명은 역사적으로 끔찍하고도 끔찍한 사건을 정당화했습니다.
나쁜 사람들은 자신의 잔인함을 가리기 위해 모든 수단을 사용했고, 이로 인해
지난 몇 세기 동안 '인종적 차이'는 노예 제도, 전쟁, 집단 학살을 합리화하는 데
이용되었습니다.

18세기 유럽의 백인들은 아프리카의 흑인이 자신보다 열등하다고 믿었고,
인종이라는 가짜 과학을 이용해 흑인의 노예화를 정당화했습니다.
아프리카에서 사람들을 강제로 데려와 쇠사슬로 묶고, 노예 상인에게
팔아넘겼지요. 수백만 명의 아프리카인이 해외로, 특히 미국과 남아메리카
지역에 노예로 팔려 가 극심한 고통과 폭력, 끔찍한 생활에 시달렸습니다.
당시의 '과학적 인종주의'도 크게 한몫했습니다. 노예 소유주들은 흑인이
신체적으로 강하지만, 지능은 낮다고 믿었습니다. 이를 이용해 흑인들을
열악하게 대우하고, 교육이나 자유를 허용하지 않는 것을 정당화했습니다.

가장 잘 알려진 대량 학살은 1939년부터 1945년 사이의 제2차 세계 대전 중에
일어났습니다. 아돌프 히틀러와 나치는 자신들이 최고의 인종이라고 믿었기
때문에 다른 나라를 점령하고, 열등하거나 자신들의 힘과 순수성에 위협이
된다고 생각되는 사람들을 살해할 권리가 있다고 믿었습니다. 그들이 가장
증오한 사람들은 유대인이었기에 전쟁 동안 600만 명 이상의 유대인을
살해했습니다. 또한 나치들은 집시, 동성애자, 정신 건강에 문제가 있는 사람,
장애인 등 다른 사람들도 박해하고 살해했습니다. 이것은 '다른' 사람은
열등하다는 완전히 잘못된 믿음에 기반한 것이었습니다.

오늘날 우리는 인종 차별을 비과학적이고, 절대적으로 혐오스러운 것으로 간주합니다. 미국 링컨 대통령은 1863년에 노예제를 금지했고, 20세기에 들어서면서는 많은 나라들이 인종 차별의 역사를 거부하기 시작했습니다. 영국은 제2차 세계 대전에서 나치에 맞서 싸운 세력의 일원이었으며, 나치의 백인 우월주의 사상이 실제로는 과학에 근거한 것이 아니라 증오와 탐욕 때문임을 정확히 인식했습니다. 1966년 UN은 인종 차별에 대한 경각심을 높이기 위해 매년 3월 1일을 '세계 인종 차별 철폐의 날'로 지정했습니다. 미국에서는 2월을 '흑인 역사의 달'로 기념하고 있습니다.

이런 상황에서 인종 차별을 과거의 일이라고 치부해 버리기는 너무 쉽습니다.

인종이나 성별과 관계없이 모든 개인을 존중하고 존엄하게 대해야 하며, 평등한 사회를 만들기 위해 계속 노력해야 한다는 걸 이제는 모두 알고 있으니까요.

흑인의 생명도 소중하다

아시아인 혐오를 멈춰라

인종 차별을 끝내라

하지만 일부 국가에서는 여전히 인종적 차이로 인해 치열한 전쟁이 벌어지고 있습니다. 안타깝게도 인종과 피부색이 능력과 관련 있다는 일부 부정적인 생각은 여전히 존재합니다. 예를 들어, 영국에 사는 사람이라도 부모가 영국에서 태어나지 않았거나 피부색이 어두우면 영국인이 될 수 없다고 생각하는 사람들이 아직 있는 것이죠.

그렇다 해도 과거에는 이런 인종 차별적인 생각이 당시의 잘못된 과학에 의해 뒷받침되었지만, 지금은 이러한 믿음에 **변명의 여지가 없습니다.** 이는 전 세계 어디에서나 마찬가지고, 이러한 편견은 여러분이 어디에서 왔든 전혀 사실이 아닙니다.

대중문화에서도 인종 차별 현상은 여전히 나타나고 있습니다. 많은 사람이 영화나 TV에 피부색이 다른 사람이 등장하면 **이상하게** 화를 냅니다. 2023년에 개봉한 디즈니 영화 〈인어 공주〉에서는 할리 베일리라는 매우 재능 있는 흑인 배우가 에리얼 역을 맡았습니다.

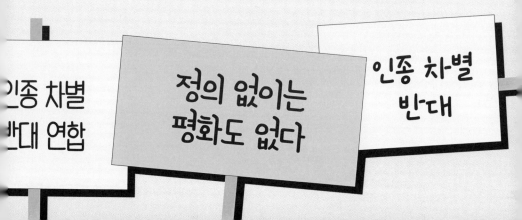

만화 버전에서의 에리얼은 하얀 피부와 빨간 머리카락이었기 때문에 어떤 사람들은 영화에서 흑인 배우가 에리얼 역할을 맡은 것을 납득할 수 없다고 했어요. 그렇지만 에리얼이 물속에서 숨을 쉬고 노래할 수 있는 물고기 꼬리를 가진 인어고, 우르술라라는 마법을 쓰는 보라색 문어 여인이라는 사실에는 전혀 신경 쓰지 않는 것 같았지요.

아이들에게 이런 소식을 전하게 되어 미안하지만, 안타깝게도 인어는 진짜가 아니에요.

하지만 흑인은 존재하죠. 따라서 에리얼의 어두운 피부색이 잘못되었다고 생각하는 사람이 있다면, 에리얼이 물고기 꼬리를 가지고 있는 것, 보라색 피부와 여덟 개의 다리를 가진 문어 인간이 에리얼의 적이라는 게 더 현실성이 없다는 점을 지적해 주어야 할 거예요.

피부색이 어두운 사람은 진짜 영국인이 아니라고 화내는 게 미친 짓인 것처럼, 흑인 인어에 대해 화를 내는 것도 미친 짓입니다. 영국에서 태어났다면 영국인입니다. 한국에서 태어났다면 한국인이고요! 하지만 이러한 잘못된 생각과 그에 따른 인종 차별은 18세기 과학의 암흑기부터 현재까지 이어져 내려오고 있습니다.

이 모든 내용이 어렵게 느껴지거나
기분이 나쁠 수도 있습니다.
하지만 현대 과학은 인종 차별주의자의
친구가 절대 아닙니다. 오히려 사람들의 피부색과
출신에 대한 편견에 맞서 싸우는
강력한 무기입니다.

잊지 마세요!

인어 공주의 진실

톡 톡 톡
톡 톡 톡
톡 톡 톡

흑인 인어는 안 돼!
에리얼은 빨간 머리
백인이잖아!!!

미안하지만 인어는 진짜가
아니라고 말해 주고 싶네.

하 하 하 하 하

CHAPTER 9

네가 왔던 곳으로 돌아가!

지금까지 우리는 인류의 역사가 아프리카에서 시작되었고, 8만 년 전 몇몇 사람들이 아프리카를 떠나 이주하기 시작했다는 사실을 알아냈습니다. 부모님이나 선생님께서 여러분이 가만히 앉아 있지 못한다고 말한다면 **인간은 지난 백만 년 동안 한곳에 머물러 있지 않았으니 이상한 일이 전혀 아니라고 말씀드려 보세요.**

아마도 우리 조상들은 계절을 따라 이동하거나, 무리를 이루어 사냥하거나, 식량을 구하기 좋은 곳으로 이동했을 거예요. 아마도 식량이 부족해져서 다른 곳에서 먹을 것을 찾기로 결정했을 수도 있습니다. 여러분도 한 지역에서 다른 지역으로 이사해 본 적이 있을지 모르겠네요. 아마도 우리 조상들한테는 그런 일이 아주 많았을 겁니다. 그리고 이 모든 일은 수백, 수천 년에 걸쳐 여러 세대 동안 매우 천천히 일어났습니다.

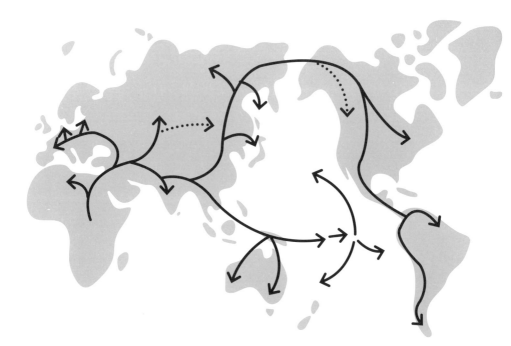

이번에는 이러한 이동과 이주, 사람들이 끊임없이 왕래했던 것이 지금의 인류를 어떻게 만들었는지 보여 드리려고 합니다. 그리고 그것을 **편견을 깨뜨리는 무기**로 활용할 수 있는 이유도 설명할게요.

시간이 지남에 따라 인류는 아프리카를 비롯한 전 세계로 퍼져 나갔습니다. 아래 그림의 노란색 화살표처럼 조금씩, 천천히 이동했을 거예요. 아시아로, 유럽으로, 아시아 남부 해안으로, 인도와 동남아시아로 향했습니다. 자동차, 자전거, 비행기, 배가 없었기 때문에 모든 이동은 걸어서 이루어졌다는 것을 기억하세요.

오늘날의 세계 지도를 보면 **'배도 없는데 어떻게 저 넓은 바다를 건너갔을까?'**라는 의문이 들 수 있습니다.

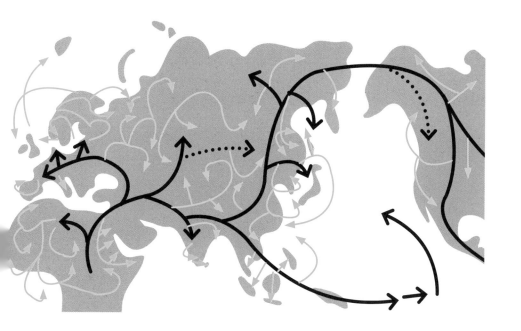

우리는 지구도 끊임없이 변화하고 있으며 기후에 따라 풍경이 바뀔 수 있다는 사실을 기억해야 합니다.

지난 10만 년 동안 지구에는 여러 차례 빙하기가 있었고, 지구가 조금 더 추워지면서 만년설(북극과 남극)이 커져 적도 쪽으로 밀려왔습니다. 이때 해수는 북극에서 남쪽으로 또는 남극에서 북쪽으로 이동하면서 빙하 속으로 빨려 들어갑니다. 그러면 해수면이 낮아지면서 해저였던 곳이 육지로 변하게 되지요. 예를 들어, 동남아시아에서 오스트레일리아 사이에 있는 건 섬이 아니라 길게 이어진 땅이었습니다. 6만 년 전에는 거의 모든 길을 **걸어서 갈 수 있었어요!**

인류가 아프리카에서 출발한 지 **불과 2만 년 만**에 오스트레일리아에 도착한 것입니다. 걸어서요! (가끔은 노를 젓는 배를 이용하기도 했을 것입니다.)

약 2만 년 전만 해도 아시아는 아메리카와도 연결되어 있었습니다. 지금은 베링 해협을 사이에 두고 80킬로미터 정도 떨어져 있지만, 그 당시에는 육로로 연결되어 있었어요. 사람들은 발에 물을 묻히지 않고도 당시 아시아의 동쪽, 지금의 러시아 북부나 알래스카로 건너갈 수 있었습니다. 이들이 아메리카 대륙에 처음 도착한 사람들이었지요.

약 1만 년 전 해수면이 다시 상승하면서 알래스카는 아시아와 단절되었고, 아메리카 대륙을 개척한 사람들은 거대한 땅으로 퍼져 나갔습니다. 이들은 북쪽의 이누이트족과 미국, 캐나다의 아메리카 원주민의 조상입니다.

이후 수천 년 동안 아메리카 대륙은 크리스토퍼 콜럼버스가
강제로 점령하기 전까지 아시아에서 건너온 조상들로 가득
차게 됩니다.

당시 아메리카 대륙의 중부는 거대한 빙하가 가로막고 있어
사람들이 넘을 수 없었을 거예요. 그래서 대신 해안으로
내려갔습니다. 해안은 물고기와 해산물 등 식량을 얻기 쉬웠기
때문에, 살기에도 나쁘지 않았을 거예요. 사람들이 이주하기에
알맞은 장소였을 겁니다.

둘러보고
올게!

유럽인들은 이후 수천 년 동안 아메리카 대륙에 발을 들여놓지 않았습니다. 여기서 새로운 사실 하나를 알려 드리죠. 크리스토퍼 콜럼버스는 아메리카 대륙에 상륙한 최초의 유럽인이 아닙니다!

약 1000년 전, 레이프 에릭손이라는 족장이 이끄는 바이킹이 지금의 캐나다에 도착했습니다.

바이킹들은 빈랜드라는 곳에 약 3년 동안 머물면서 교역을 했습니다. 이때 현지인들은 바이킹을 상당히 무서워했다고 해요. 그때 현지인들은 바이킹에게 '너희는 정말 어디서 왔느냐'고 물었을지도 몰라요. 그러던 중 황소 한 마리가 풀려나서 큰 소동이 벌어졌고, 현지인들이 무척 화를 내자, 이번에는 바이킹들이 겁을 먹고 도망쳤다고 해요. 그리고 다시는 돌아오지 않았죠.

인류의 회전목마

영국은 어떨까요? 인간은 90만 년 넘게 브리튼섬에 살아왔어요. (영국은 에마와 제가 태어난 곳이기 때문에 예로 들었지만, 걱정하지 마세요. 이 부분의 내용은 출신 국가와 상관없이 누구에게나 중요하니까요!)

호모 사피엔스, 즉 우리 인류는 약 40만 년 동안 존재해
왔으며 8만 년 전에야 아프리카를 떠났다는 사실을
기억하세요. 그러니까 최초의 영국인이 누구였는지는
모르겠지만, 우리(호모 사피엔스)가 아니었다는 건 알 수
있습니다.

영국 노퍽 해안에서 한 가족의 발자국 화석이 발견되었는데
안타깝게도 이 화석은 인류의 조상이 아닐 가능성이
높습니다. 이들은 호모 사피엔스가 아프리카를 떠나기
훨씬 전에 영국에 살았던 인류의 한 종으로 추정돼요.
비록 우리와 같지는 않지만, 발자국을 보면
270센티미터 크기의 인간이었음을 알 수
있습니다. 서식스 지역에서 발견된 오래된 뼈를
통해 그들이 약 50만 년 전에 존재했던 호모
하이델베르겐시스라는 또 다른 유형의
인간이었을 가능성이 높다는 것을
밝혀냈습니다.

그 이후로도 영국에는 계속 사람들이 살았습니다.
우리 종은 약 2만 년 전에야 도착한 것으로 추정되며,
네안데르탈인이 우리보다 먼저 유럽에 있었던 것으로
생각합니다.
1만 년 전 영국에는 오늘날 우리가 알고 있는 인류, 그러니까 7장에서 소개한
어두운 피부와 푸른 눈을 가진 체다인 같은 사람들이 있었습니다.

이 사람들은 대부분 수렵 채집인이었기 때문에 열매나 채소, 조개류를 채집하고, 멧돼지나 염소, 큰 짐승을 사냥했습니다. 이 시기를 새로운 석기 시대라는 뜻으로 '신석기 시대'라고 합니다.

6000년 전 신석기 시대 사람들은 영국 전역에서 정교한 석기를 만들고 움막에서 생활하며, 사냥하고 농사를 짓기 시작했습니다.

그런데 이상한 일이 일어났어요. 유럽에서 일부 사람들이 이주한 것입니다. 이들은 종 모양으로 생긴 토기를 만들어 사용한 초기 청동기 시대 사람들이었어요.

그들이 나타나자 영국에 살던 이전 주민들은 순식간에 **사라졌습니다.** 오래된 뼈에서 발견된 DNA를 분석해 보니 불과 몇 세기 만에 인구가 완전히 교체되었다는 것을 알 수 있었어요!

그 이유는 알 수 없습니다. 질병이나 전쟁 때문이었을 수도 있지만, 어쨌든 이전에 살던 사람들은 사라져 버렸어요.

하룻밤 사이(사실 1~2세기 만에)에 영국은 청동기 시대로 변했습니다.

영국의 가장 상징적인 신석기 시대 유적지인 스톤헨지를 건설한 것은 바로 이 유럽인들이었습니다. 원래 스톤헨지의 용도가 무엇인지는 알 수 없지만,

수 세기 동안 수많은 사람들이 만나고, 파티를 열고, 기도하는 장소로 사용되었습니다.

그리고 지금도 여전히 6월쯤에는 다양한 사람들이 모여 만나고, 파티를 열고, 기도합니다.

인구의 끊임없는 변화는
인류의 진짜 이야기입니다.

유럽의 로마인, 색슨족, 바이킹, 노르만족
등이 계속해서 영국에 나타났고, 이들은
때로는 우호적이었고, 때로는
그렇지 않았습니다.
영국이 오랫동안 이주의
중심지였던 증거 중 하나는
언어에서 찾을 수 있습니다.
다양한 사람이 방문하거나
정착해서 현지인과 어울리면서
영어는 수많은 다른 언어와 합쳐지고 새롭게 조합되었습니다.

다음의 영어 문장을 읽어 보세요.

ON A THURSDAY IN MAY, A WOMBAT PIRATE TOOK A SAUSAGE WITH KETCHUP AND SAILED AWAY ON A DINGHY.

5월의 어느 목요일, 웜뱃 해적은 케첩을 뿌린 소시지를 들고 작은 돛단배를 타고 항해를 떠났다.

이제 이 문장을 단어의 기원과 함께 분석해 보겠습니다.

On a Thursday	→	바이킹어
in May	→	라틴어
a wombat	→	오스트레일리아 원주민어
pirate	→	그리스어
took	→	바이킹어
a sausage	→	옛 프랑스어
with ketchup	→	중국어
and sailed	→	옛 독일어
away on a dinghy	→	힌디어

영국을 오갔던 사람들의 파란만장한 역사는 언어인 영어에 고스란히 담겨 있습니다. 그리고 당연하게도 영국만이 이런 인류의 회전목마였던 것은 아닙니다. 사람들의 끊임없는 이동은 모든 나라에 해당하는 이야기니까요. 앞에서 이야기했듯이 오스트레일리아와 아메리카 대륙, 러시아 등 전 세계 곳곳으로 인간은 항상 이동해 왔습니다.

인류는 50만 년이라는 시간 동안은 아프리카라는 거대한 대륙 안에 거주했습니다. 하지만 아프리카 대륙 내에서도 인류는 끊임없이 이동하면서 살았습니다.

우리는 오랫동안 같은 장소, 심지어 같은 집에 살면서 안정을 느낄 수도 있지만, 더 오랜 기간 동안 사람들은 생존을 위해, 그리고 가정을 꾸리기 위해 어디든 옮겨 다녔던 것입니다.

사람들은 여러 가지 이유로 이동합니다. 그중 하나는 앞에서 살펴본 것처럼 유럽인들이 앞서서 세계를 탐험하고, 때로는 무력으로 다른 나라를 정복했기 때문입니다. 영국을 비롯한 유럽 국가들은 다른 나라를 지배하는 제국을 건설하기 시작했습니다. 그 결과 영국이 정복한 나라의 사람들이 영국에 와서 가족을 이루기도 했고요.

이 책 앞부분에 썼던 문장을 기억하나요?

당신이 그곳에 있었기에 우리가 여기 있습니다.

유럽인들은 1492년 아메리카를 침략하여 그곳에 살고 있던 원주민을 거의 전멸시켰습니다. 19세기에는 수백만 명의 사람들이 새로운 삶을 시작하기 위해 가족과 함께 아메리카로 이주했습니다.

제국의 역사로 인해 지난 세기 동안 많은 사람이 이곳저곳으로 옮겨 다녔습니다. 그리고 현재도 사람들은 끊임없이 어딘가를 오가고, 이주하거나, 새롭게 정착합니다.

그렇기 때문에 '당신은 정말 어디 출신이냐'는 질문은 전혀 의미가 없습니다!

찬란한 음식!

이번에는 음식에 대해 이야기해 봅시다.

저는 음식을 좋아하는데 (요리보다는 먹는 걸 더 좋아해요.) 음식을 통해 사람들이 얼마나 많은 문화를 공유하고 있는지 알아보는 것은 정말 흥미로운 일입니다.

사람들은 때때로 자국 역사에 자부심을 느끼기도 하고, 때로는 부끄러움을 느끼기도 합니다. 하지만 저는 어느 쪽도 아니에요. 역사는 이미 일어난 일이라서 제가 어쩔 수 없으니까요! 그렇다고 과거에 관심이 없다는 뜻은 아닙니다. 사실 정반대지요. 과거를 더 많이 이해해서 역사로부터 배우고 사람들이 저지른 실수를 반복하지 않아야 해요.

또한 인류의 힘은 **다양성**에 있다고 생각합니다. 다른 사람들의 문화를 배우고 그들이 어떤 사람인지, 어떤 일을 좋아하는지 알아보는 것 말이에요. 이때 음식은 좋은 매개체가 되어 줍니다.

사람들은 다양한 음식을 먹습니다. 나라마다 그 지역에서 농사짓고 사냥할 수 있는 생물이 다르기 때문입니다. 어떤 식물은 더운 기후에서, 어떤 식물은 습한 기후에서, 어떤 식물은 건조한 기후에서 더 잘 자라니까요.

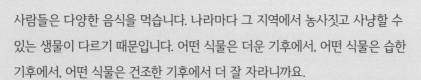

또한, 문화적 배경이나 종교적 신념도 음식에 영향을 미칩니다. 일부 음식과 요리는 가족이나 문화권에서 내려오는 전통이기도 하지요. 예를 들어 대부분의 이슬람 신자들은 할랄 방식으로 도축되지 않은 소고기나 양고기는 먹지 않습니다. 유대인은 코셔 식품만 먹는 경향이 있고요.

종교적 믿음에 따른 음식 문화

유대교: 정결한 음식을 먹어야 합니다. 코셔 고기와 생선만 먹어요. 코셔는 유대인의 종교적 규칙에 맞는 특정 방식으로 선택되고 준비된 음식이라는 것을 의미합니다.

이슬람교: 할랄 고기와 생선만 먹습니다. 할랄은 이슬람 율법에 맞는 방식으로 동물을 도살한 것을 의미합니다.

불교: 많은 사람이 채식을 합니다. 불교의 가르침 중 하나는 다른 이의 생명을 빼앗지 말라는 것이므로 일부 불교도들은 이것이 고기를 먹지 않는 것을 의미한다고 믿습니다.

힌두교: 많은 사람이 채식주의자이며, 소를 신성한 동물로 여기기 때문에 소고기를 먹지 않습니다.

이 외의 많은 종교가 고기를 먹지 않는 채식을 하거나 고기는 물론 우유, 달걀 등 동물로부터 얻은 것을 먹지 않는 엄격한 채식을 하기도 합니다.

다양한 문화와 종교적 신념에 따른 음식의 역할은 꽤나 복잡하고, 개인과 지역 사회에 따라 매우 다양해서 우리 사이의 차이를 발견하는 것은 무척 흥미로운 일입니다. (물론 지금은 어디에 살든 전 세계의 음식을 구할 수 있기도 하고요.)

요즘 제가 많이 먹는 음식은 치킨 티카입니다. 치킨 티카는 인도 요리로 1940년대 인도인들이 영국에 들여왔어요. 매운 음식에 익숙하지 않은 20세기 영국인들의 입맛에 맞추기 위해 개발한 요리라고 하니 영국식 인도 요리라고도 할 수 있죠. 그리고 저는 고추가 많이 들어간 매콤한 카레도 좋아해요. 그런데 사실 고추는 남아메리카에서 유래하여 16세기에 인도에 전해졌다는 사실을 알고 있나요?

영국의 가장 대표적인 음식으로는 피시 앤 칩스가 있습니다. 그렇지만 사실 피시 앤 칩스는 19세기에 스페인과 포르투갈의 유대인들이 개발한 음식이에요. 감자튀김을 만드는 데 사용되는 감자는 남아메리카 원산지로, 16세기에야 영국에 전해졌습니다. 그리고 케첩은 토마토로 만드는데, 이 역시 남아메리카가 원산지이죠. 토마토, 감자, 고추는 남아메리카에서 들여오기 전까지는 영국에서 재배된 적이 없었습니다.

피자는 이탈리아 음식처럼 보이지만 사실 마르게리타가 발명되기 수천 년 전 고대 이집트에서는 토핑을 얹은 납작한 빵을 먹었습니다.

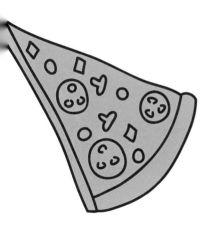

아니면 서양의 크리스마스 저녁 식사는 어때요? 여러분이 생각하는 것 이상으로 국제적인 음식입니다. 칠면조는 멕시코에서, 감자는 남아메리카에서 왔어요. 당근과 완두콩은 어떨까요? 중동에서 유래했습니다.

과일은 어떤가요? 과즙이 풍부한 사과만큼 좋은 것이 있을까요? 사과는 아시아에서 유래했습니다. 수박은 서아프리카, 포도는 중동, 망고는 인도, 귤은 동아시아, 파인애플, 블랙베리, 블루베리, 크랜베리는 모두 남아메리카에서 왔어요.

우리가 자주 먹는 초밥은 일본 음식입니다. 그렇다면 인도에서 유래한 오이와 남아메리카에서 유래한 아보카도, 전 세계 바다를 헤엄치는 새우로 속을 채운 롤은 일본 음식일까요?

우리가 먹는 음식은 정말 국제적입니다. 여러분이 가장 좋아하는 음식은 무엇인가요? 어떤 음식이든 전 세계의 식재료로 만들어졌을 거예요. 인간과 마찬가지로 음식도 전 세계로 이동하여 처음에 원산지가 아니었던 곳에 뿌리를 내리고, 그 지역의 문화와 정체성의 중요한 일부가 되었습니다.

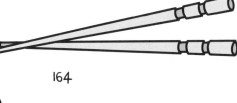

네가 온 곳으로 돌아가!

아무도 인종 차별주의자로 태어나지 않습니다.

태어난 지 며칠이 지나면 아기는 다른 사람의 생김새가 다르다는 것을 알 수 있어요. 이는 아기가 부모를 알아볼 수 있다는 것을 의미합니다. 또한 아직 말을 하지는 못하더라도 색깔의 차이는 구분할 수 있어요. 물론 여기에는 서로 다른 피부색도 포함되지요. 하지만 아기에게 이러한 차이는 별 의미가 없습니다. 아기는 긍정적이든 부정적이든 어떤 판단도 내리지 않아요.

인종 차별을 하는 사람은 **그렇게 배운** 사람입니다. 자신과 다르게 생긴 사람을 의심하거나 심지어 증오하기까지 하며 다른 인종이 자신보다 열등하다고 믿도록 배웠을 것입니다. 그 바탕에는 앞서 살펴본 것처럼 길고 복잡한 역사가 있습니다.

당신은 진짜로 어디에서 왔나요?

이 말은 다음과 같은 의미일 수도 있습니다.

'왜 나랑 다르게 생겼어?'

여러분도 누군가에게 이런 질문을 해 본 적이 있을 수도 있습니다. 단순히 누군가가 왜 다르게 생겼는지 궁금했을 수도 있어요. 하지만 이 질문은 판단이 담긴 질문이기도 합니다. 보통 집단 내의 소수자들이 이 질문을 받지요. 좋은 의미의 질문일 수도 있지만······

때로는,

'넌 여기 출신이 아니야.'

심지어,

'왜 여기 있는 거야?'

라고 말하는 것처럼 지적하는 질문이 될 수도 있습니다.

가끔은,

'네가 온 곳으로 돌아가!'

라는 노골적인 모욕으로 표현되기도 합니다.

이런 인종 차별은 명백한 괴롭힘입니다.

저는 인류의 역사와 우리가 전 세계로 이주해 온 과정을 잘 알고 있기 때문에 누군가 '네가 살던 곳으로 돌아가라'고 말한다면, 그 말이 무슨 뜻인지는 모르겠고 그저 **그 말을 한 사람이 못됐다**는 것만 알 뿐입니다.

이런 말은 듣는 사람에게 상처를 주고, 그가 이곳에 속하지 않는다고 느끼게 하는 말입니다. 또한 매우 어리석은 말이기도 하지요.
다른 사람들에게 맞서 싸우는 것은 쉽지 않지만, 이런 말로 다른 이를 괴롭히는 사람을 어리석게 보는 것은 그들의 힘을 빼앗는 일이 될 수 있습니다.

따라서 여러분이나 여러분의 친구에게 '너 진짜 어디 출신이야?' 또는
'네가 있던 곳으로 돌아가!'라고 말하는 사람이 있다면, 그 사람을 비웃으며
그 말이 정말 무슨 뜻인지, 언제를 말하는 건지 물어보세요.

오늘 아침? 천 년 전? 아니면 동네나 집?
어디를 말하는 건가요? 당신은 어디서 태어났는데요?
인간은 원래 모두 아프리카 출신입니다.
**저도 당신과 마찬가지로
사람이고 지구인입니다.**

홈 스위트 홈

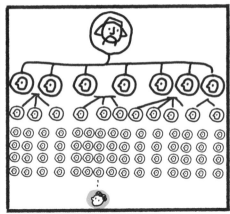

CHAPTER 10

고정 관념 깨기

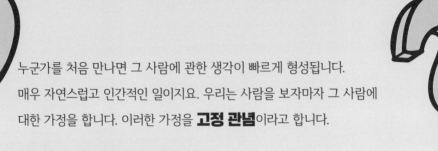

누군가를 처음 만나면 그 사람에 관한 생각이 빠르게 형성됩니다. 매우 자연스럽고 인간적인 일이지요. 우리는 사람을 보자마자 그 사람에 대한 가정을 합니다. 이러한 가정을 **고정 관념**이라고 합니다.

고정 관념과 편견

'**책 표지만 보고 판단하지 말라**'는 말을 들어 본 적 있나요? 기본적으로 이 말은 우리가 어떤 사람이나 사물을 더 잘 조사하고 이해하기 전까지는 그 사람이나 사물에 대해 어림짐작하지 말아야 한다는 뜻입니다. (하지만 이 책은 표지가 멋지므로 표지를 보고 판단해도 됩니다!)

마찬가지로 '**피부색으로 사람을 판단하지 말라**'고 말할 수도 있죠. 이것은 고정 관념에 대한 또 다른 말입니다.

고정 관념은 어떤 사람이나 집단에 대해 갖는 생각입니다. 고정 관념은 때때로 사실이 아니며 어떤 고정 관념은 의도적으로 **해롭다**는 점을 기억한다면 세상을 이해하는 데 도움이 될 것입니다.

누군가를 개인적으로 알지 못하면서 그 사람을 어느 그룹의 하나로 여겨 생각을 형성하는 것이 고정 관념의 예입니다. 사람들은 주로 **인종, 성별, 계급**에 따라 고정 관념을 형성합니다.

어떤 기분인지 알 수도 있을 거예요. 누군가 여러분을 평가한 적이 있나요?
아마도 출신 지역, 외모나 말투, 좋아하는 일, 옷 등을 기준으로 한 것이
아닐까요? 그런 경험이 있다면, 썩 기분 좋은 일이 아니라는 것도 알 거예요.

성별, 신념, 외모, 종교 또는 인종만을 근거로 누군가를 가정하는 것은 무례할
뿐만 아니라 큰 상처를 줄 수 있습니다. (책 표지만 보고 판단해서는 안 되지만,
실제로 그런 일이 벌어지기도 하니까요.)
많은 사람이 자신도 모르는 사이에 편견을 가지고 있습니다. 편견이란
특정 사람에 대해 부정적인 생각을 가지고 있다는 뜻입니다. 말
그대로 누가 어떤 사람인지 직접 확인하기 전에 미리 판단하는
것을 의미합니다. 편견대로 생각하면 실제 사람, 고유한
개인을 보지 못하게 되고, 이건 아주 위험한 일입니다.

스스로 다음과 같은 질문을 해 보세요.

여자아이와 남자아이 중 누가 더 자주 우나요?

축구는 여자아이와 남자아이 중 누가 더 잘하나요?

여자아이와 남자아이 중 누가 요리를 더 잘하나요?

게임은 여자아이와 남자아이 중 누가 더 잘하나요?

답이 바로 떠오르나요?

사실 정답은 없습니다. 다만 이러한 질문은 성별에 대한 부정적인 고정 관념을 강조합니다. 이와 같은 고정 관념은 사람들이 어떤 일을 잘하는지 못하는지와 관계없이 해야 할 일이나 하지 말아야 할 일을 제한할 수 있습니다. 고정 관념은 심지어 자신이 좋아하는 활동을 시도조차 못 하게 하거나 자신을 표현할 수 없게 만들기도 합니다.

이 책을 같이 쓴 에마는 자신이 SF 영화를 좋아하고, 쇼핑을 싫어한다는 사실 (사람들이 여자니까 당연히 좋아하거나 싫어해야 한다고 생각하는 것과 반대!)에 사람들이 놀랄 때 짜증이 난다고 합니다. 저는 슬프지 않은 영화에서도 항상 울어요. 〈스타워즈: 깨어난 포스〉에서 레이가 광선검을 받았을 때 울었고, 〈원더 우먼〉에서 다이애나가 1차 세계 대전 참호에서 나왔을 때 울었죠.

누가 축구를 더 잘하나요? 어떤 사람들은 잉글랜드 남자 축구 대표팀이 국제 대회에서 더 좋은 성적을 거두리라 생각하지만, 2022년 유럽 선수권 대회에서 우승한 것은 여자 대표팀이고 남자 대표팀은 우승한 적이 없습니다. 그렇다면 누가 더 잘하는 걸까요?

지역, 인종, 종교에 대한 고정 관념도 있을 수 있습니다. 물론 고정 관념에는 부정적인 것도 긍정적인 것도 있습니다. 흑인은 리듬감이 좋아서 훌륭한 운동선수나 댄서가 된다거나 동아시아 출신은 수학을 잘한다거나 안경을 쓴 사람은 똑똑하다거나 하는 식이지만, 이러한 생각도 해로울 수 있다는 점을 이해하는 것이 중요합니다.

자신이 고정 관념에 사로잡혔거나 고정 관념에 빠진 다른 사람을 본 경험이 있나요?

고정 관념은 그 사람을 온전하게 바라보는 것을 방해하기 때문에 그 자체로 나쁠 수 있습니다.

고정 관념을 믿으면 같은 반에 새로 전학 온 친구나 이사 온 사람을 알아가는 데 방해가 됩니다. 미래의 친구를 만날 기회를 놓칠 수도 있지요. 누군가에게 자신이 좋아하는 일을 하지 말아야 한다거나, 자신이 좋아하지 않는 일을 해야 한다는 신호를 보낼 수도 있습니다. 그리고 조심하지 않으면 고정 관념은 편견이 되기 쉽습니다.

고정 관념의 함정에 빠지지 않으려면, 스스로 고정 관념에 대해 몇 가지 질문을 던져야 합니다.

그것이 사실인가?

누군가에게 상처를 주는가?

고정 관념은 어디에서 비롯된 것일까?

만약 사실이라면, 그렇게 태어났기 때문일까, 아니면 그렇게 배웠기 때문일까?

물론 이러한 질문은 답하기 매우 어려우며 적절한 연구가 필요합니다. 고정관념이 존재하는 이유를 알기 위해서는 역사를 공부해야 해요. 사람들이 어떻게 생각하는지, 우리의 DNA에 무엇이 있는지, 그리고 우리가 학습한 것이 무엇인지 밝혀내야 하지요. 우리는 **유전자와 환경의 혼합물**이며, 이를 분리하기는 엄청나게 어려운 일입니다. 오늘날 뛰어난 과학자들이 연구하고 있지만, 아직 제대로 알지 못합니다!

우리는 부모로부터 유전자를 물려받지만, 가족으로부터 행동 양식을 배우기도 합니다. 이를 **본성**과 **양육**이라고도 하는데, 본성은 우리의 DNA이고 양육은 우리가 자라고 살아온 환경, 즉 기본적으로 DNA가 아닌 모든 것을 말합니다!

우리의 문화도 우리가 누구인지에 중요한 역할을 합니다. 인도 출신 채식주의자 가족의 영향으로 발리우드 영화에 관심이 많을 수도 있지만, 동시에 고기를 먹어 본 적이 없을 수도 있습니다.

여러분이 사용하는 언어를 생각해 보세요. 물리적으로 말을 할 수 있다는 것은 우리 DNA에 암호화되어 있다는 것입니다. 즉, 우리는 아주 어릴 때부터 단어를 말하고 문장을 구성하며 복잡한 생각을 전달할 수 있는 유전자를 가지고 있습니다. 그렇지만 실제 사용하는 언어는 태어난 국가와 가족에 따라 결정됩니다. 저는 영국에서 영국인 부모님 밑에서 태어났기 때문에 영어를 사용합니다. 스페인에서 스페인어를 하는 부모님 밑에서 태어났다면 **스페인어를 할 수 있었을 거예요!**

운동에 대해서도 많은 고정 관념이 존재합니다. 여러분은 축구나 테니스, 체조를 좋아할 수도 있고, 개인적으로 운동에 관심이 없더라도 유명한 운동선수인 비너스 윌리엄스나 손흥민에 대해서는 들어본 적 있을 거예요.

특히 올림픽은 전 세계에서 벌어지는 다른 어떤 이벤트보다도 많은 사람들이 시청합니다. 그래서 전 세계 최고의 선수들이 자신의 신체 능력을 최고로 발휘하는 장이 열리죠. 시청하는 사람들에게는 훌륭한 엔터테인먼트가 되어 주고요. 동시에 올림픽 같은 운동 경기에서는 승리를 위한 경쟁이 치열하기 때문에 특정 종목에서 어떤 사람은 다른 사람보다 더 잘하고, 어떤 국가는 다른 국가보다 더 잘하는 것을 볼 수 있습니다. 그리고 뛰어난 능력을 갖춘 선수들의 경기를 보다 보면 인종적 고정 관념이 생겨나기도 합니다.

운동과 관련된 몇 가지 고정 관념을 살펴보고, 앞에서 했던 질문에 답할 수 있는지 생각해 봅시다.

일반적으로 흑인이 운동을 더 잘한다는 생각이 널리 퍼져 있습니다.
이것이 사실일까요? 몇 가지 수치를 언뜻 살펴보면 맞다고 생각할 수도 있습니다.

- 1980년 이후 올림픽 남자 100미터 결승에서 백인 단거리 선수가 우승한 적은 없습니다.

- 2010년 이후 모든 주요 장거리 기록과 런던 마라톤의 우승자는 남녀 할 것 없이 케냐인 또는 에티오피아인이었습니다.

- 영국의 흑인 인구는 3퍼센트에 불과한데, 상위 4개 리그의 축구 선수 중 40퍼센트가 흑인입니다.

그래서 얼핏 보면 많은 수의 흑인이 스포츠에서 더 높은 수준에 있는 것처럼 보입니다. 하지만,

- 2019년 영국에 등록된 수영 선수는 7만 3000명이었지만, 이 중 흑인 또는 아프리카계로 확인된 선수는 전체의 1퍼센트 미만인 668명에 불과했습니다.

- 올림픽 수영 결승전에 진출한 흑인 선수는 역사상 손에 꼽을 만큼 적습니다.

- 2020년 사이클링 월드 투어에 참가한 흑인 사이클리스트는 743명 중 5명이었고, 투르 드 프랑스에서는 143명 중 1명뿐이었습니다.

이게 무슨 뜻일까요?

흑인이 운동 능력을 타고났다면 왜 일부 종목에서는 흑인 선수가 거의 존재하지 않을까요? 어떤 종목에서는 흑인이 과대평가되지만 또 다른 어떤 종목에서는 과소평가되는 것이 분명합니다.

운동에서는 서로 다른 체형과 체내 물질대사가 성공에 큰 차이를 만들어 냅니다. 키가 클수록 농구를 더 잘하는 경향이 있는 것처럼요. 단거리 달리기에서도 키는 큰 이점이 될 수 있습니다. 우사인 볼트는 역대 단거리 선수 중 가장 키가 큰 선수예요. 큰 키는 그가 역사상 가장 빠른 선수로 성공한 이유 중 하나입니다. 걸음을 내딛는 속도는 다른 단거리 선수들과 거의 비슷하지만, 키가 커서 보폭이 더 넓기 때문에 100미터를 완주하는 데 걸리는 시간이 더 짧은 것이죠.

장거리 달리기를 잘하는 것과 단거리 달리기를 잘하는 것은 매우 다릅니다. **한 가지를 잘하는 사람이 반드시 다른 것도 잘하는 건 아닙니다.**

빠른 연축근섬유와 느린 연축근섬유가 여기에 관여합니다. 이 근육 세포들은 폭발적인 에너지가 필요한 운동이나 장거리 달리기처럼 지구력이 필요한 운동 수행 능력에 영향을 미칩니다. 장거리 달리기를 잘하는 사람은 느린 연축근섬유가 많아 이동에 필요한 에너지를 더 잘 생성할 수 있습니다. 반대로 빠른 연축근섬유는 짧은 시간 동안 폭발적인 에너지를 생성하는 데 더 좋습니다. 폭발적인 에너지를 필요로 하는 운동을 잘하는 사람들은 빠른 연축근섬유의 비율이 더 높은 경향이 있습니다.

평균적으로 동아프리카 사람들은 느린 연축근섬유를 더 많이 가지고 있습니다. 그들의 조상이 산소가 적은 고지대에서 살았기 때문에 산소를 더 효율적으로 처리할 수 있도록 진화한 것이죠. 해수면에 가까이 갈수록 산소가 더 많아지니 저지대에서 살아온 사람들은 그런 생리적 조건을 필요로 하지 않습니다. 따라서 두 사람이 낮은 지대에서 경쟁한다면 동아프리카인이 더 유리할 수 있겠지요.

이런 요인들은 해당 지역과 국가 출신의 사람들이 장거리 달리기에서 뚜렷한 생물학적 이점을 갖도록 도와주지만, **이것은 그들의 성공 이유를 부분적으로만 설명할 수 있을 뿐입니다.**

즉, 운동을 잘하는 것에 유전적 요인이 어느 정도는 영향을 주지만, 이것이 유일한 이유는 아니라는 뜻입니다. 동아프리카의 장거리 달리기 선수들과 미국에서 가장 성공한 단거리 선수들은 같은 흑인이지만 두 집단은 매우 다릅니다.

더 자세히 살펴보면 이러한 주장은 **완전히** 무너지기 시작합니다. 혹시 당신의 조부모님이 동아프리카 출신이더라도 당신은 달리기를 끔찍하게 못하거나 아예 좋아하지 않을 수도 있습니다. (당연하잖아요.)

장거리 주자가 모두 동아프리카 출신이라면 왜 케냐 출신의 사이클 선수는 많지 않을까요? 사이클은 느린 연축근섬유와 뛰어난 산소 처리 능력이 필요한 운동인데 말이죠.
네덜란드는 세계에서 키가 가장 큰 나라지만, 농구를 잘하는 것으로 유명하지는 않습니다.

인도에는 12억 명의 인구와 환상적인 크리켓팀이 있지만 유명한 인도 축구 선수를 꼽을 수 있나요?

중국은 인구가 10억 명이 넘어도 럭비를 잘하는 나라는 아닙니다. 중국인에게 특별한 이유가 있어서 그런 걸까요, 아니면 중국에서 럭비가 인기 없어서 그런 걸까요?

여러분은 어떻게 생각하나요?

어떤 사람들은 아프리카계 미국인들이 노예 생활을 했던 결과로 그들의 후손이 운동을 포함한 신체 활동에서 우위를 점했다고 주장하기도 합니다. 하지만 이건 정말이지 **말도 안 되는** 주장입니다! 유전학적으로 아프리카계 미국인을 살펴보면 이에 대한 증거는 **전혀** 없습니다.

운동 경기에서 뛰어난 선수가 되려면 헌신, 고된 연습, 심한 훈련 등 특별한 마음가짐이 필요하다는 사실을 기억하세요.

운동을 즐기는 사람 대부분은 최선을 다하고, 잘하고 싶어 합니다. 하지만 킬리안 음바페나 김연경, 혹은 오타니 쇼헤이가 되려면 타고난 재능, 특정한 체격, 꾸준한 훈련, 훌륭한 코치 등 특별한 조합이 필요하지요.

무엇보다도 지금 설명하려는 마지막 부분이 정말 중요합니다. 여러 운동 경기 종목에서 국가별 성공의 차이가 나타나는 이유이기도 하니까요.

아프리카의 많은 국가들은 아직 세계적인 수준의 스키 선수를 배출하지 못했습니다. 그 이유를 짐작할 수 있나요?

바다가 없는 국가에서는 훌륭한 요트 선수를 배출하지 못하는 경향이 있습니다. 수영은 거주 지역과 문화에 따라 잘할 수 있는 운동 종목이 어떻게 결정되는지 보여 주는 좋은 예입니다. 흑인들은 특정 종목에서 큰 성공을 거두었지만, 수영 대회에서는 거의 볼 수 없습니다. 과거에는 많은 사람이 흑인은 뼈가 치밀해서 백인만큼 물에 잘 뜨지 못하는 유전적 이유가 있다고 주장했습니다.

어리석은 소리라고 생각한다면 맞습니다!

이는 전혀 사실이 아닌 우스꽝스럽고 인종 차별적인 주장입니다. 흑인과 백인의 골밀도에는 차이가 없으며, 설사 차이가 있다 해도 물에 잘 뜨는 데는 큰 차이가 없습니다. 이것은 한 인종이 다른 인종과 다른 생물학적 이유를 찾으려는 과학적 인종주의의 전형적인 예입니다.

하지만 미국의 많은 흑인이 수영을 못하는 것이 사실입니다. (흑인의 약 60퍼센트가 수영을 못 하지만, 백인의 60퍼센트는 수영을 할 수 있습니다.)

왜 그럴까요?

매우 우스꽝스럽게 들릴 수 있지만, 가장 큰 이유는 수영하는 법을 **배워야** 하기 때문이에요. 우리는 돌고래가 아니라서 배우지 않고는 아무도 수영을 할 수 없습니다. 미국에 흑인 수영 선수가 적은 이유를 연구한 결과, 수영장은 보통 흑인이 거의 살지 않는 지역에 지어졌고, 부모가 수영을 하지 않으면 자녀에게 가르치지 않는 경향을 발견했습니다.

이 모든 것은 수영하는 법을 배우는 것과 관련이 있지, 뼈를 가라앉히는
마술 같은 이유 때문이 아닙니다.
또 다른 이유는 롤 모델입니다. 보통 사람들은 자신에게 영감을 주는
사람을 보고 취미와 직업을 갖게 됩니다. 저는 동물학자이자
환경보호론자인 데이비드 애튼버러를 좋아해서 생물학자가 되었거든요.
운동도 마찬가지입니다. 운동을 시작하는 많은 아이들은 자신의 영웅처럼 되고
싶어 하며, 체조팀이나 축구장에서 그들의 동작을 따라 하기도 하지요. 하지만
특정 운동을 하는 자신과 닮은 사람을 보지 못한다면 애초에 그 운동을 시작할
가능성이 낮아집니다.

예를 들어, 에마는 학교에서 종종 단거리 달리기를 했습니다. 당시 기억에 남는
선수는 1980년대 남아프리카 공화국의 장거리 달리기 선수이자, 맨발 달리기로
유명했던 졸라 버드가 유일했습니다. 졸라 버드와 에마는 사실 공통점이 많지는
않았지만, 에마는 졸라 버드를 롤 모델로 삼아 그녀처럼 신발을 신지 않고
달리곤 했어요!
이처럼 운동 경기를 잘하기 위해서는 신체적인 요소도 분명 존재하지만, 국가나
지역의 문화, 훈련 접근성, 롤 모델, 운동의 인기도도 큰 영향을 미칩니다.

고정 관념과 그것이 어디에서 비롯되었는지 파악하는 것은 중요합니다.
그런데 운동을 잘하는 건 좋은 일이니까 특정 집단이 특정 운동을 잘한다고
말하는 것은 긍정적인 평가 아닐까요? 누구나 더 빠르고, 더 강하고,
더 근육질이 되고 싶지 않을까요?

여기서 역사가 시작됩니다.

제국과 식민지 시대에 인종 분류를 생각해 낸 사람들(앞에서 이야기했던 칼 린네를 떠올려 보세요.)은 백인의 두뇌가 우월하고, 흑인은 신체적으로 강하지만 지능이 떨어진다고 주장했습니다. 지금은 이것이 사실이 아니라는 것을 알고 있지만, 당시에는 흑인을 노예로 삼는 것을 정당화하는 근거로 사용되었습니다.

따라서 흑인이 운동을 더 잘한다는 생각도 과학적 인종주의의 역사에 뿌리를 두고 있다는 것을 알 수 있어요. 이는 우리 사회에서 너무나 흔한 생각이라서 알아차리지도 못하는 경우가 많습니다. 미국에서 운동 경기 해설자를 대상으로 한 대규모 연구에 따르면 흑인 운동선수에 대해서는 신체와 힘에 관해 이야기하는 경우가 많았지만, 백인 운동선수에 대해서는 노력과 지능에 관해 이야기하는 것으로 나타났어요. 이것은 과학적 인종 차별의 또 다른 예입니다.

운동과 인종이 연관되어 있다고 생각하면 특정 국가의 특정 집단이 다른 집단보다 더 뛰어난 것처럼 보일 수 있습니다. 하지만 자세히 들여다보면 성공은 인종 때문이 아니라 생물학, 심리학, 문화, 환경이 복합적으로 작용한 결과인 것을 알 수 있습니다.

운동 경기는 인간이 마음먹고 열심히 노력하면 무엇을 할 수 있는지를 가장 **흥미롭고 재미있고 극적으로** 보여 주는 분야 중 하나입니다.

타고난 재능은 실재하며, 우리 몸은 우리가 어떤 운동에 뛰어날지를 결정할 수도 있어요. 하지만 그게 전부는 아닙니다.

현재 지구상에서 가장 뛰어난 체조 선수는 시몬 바일스라는 젊은 아프리카계 미국인 여성입니다. 시몬 바일스가 최고인 이유는 바로 자신이 하는 일 때문입니다. 그녀는 꾸준히 이렇게 되뇌입니다.

연습, 연습, 연습!

목표를 높게!

얘들아, 이번 시즌 10연패구나. 우리에게는 신이 주신 재능을 가진 새로운 인물이 필요한 것 같아.

힉스빌 농구팀

새 슈팅 가드가 오늘 훈련에 합류할 거야!

!? ?!

음… 저는 '최장신' 선수에게 큰 기대를 걸었지만 잘못 알았던 것 같습니다.

교장

마지막 이야기

끝이 아닌
당신의 이야기

드디어 이 책의 마지막입니다. 하지만 여기가 이야기의 끝은 절대 아니에요.
이건 바로 여러분의 이야기이기 때문입니다.

당신은 역사상 가장 위대한 이야기의 일부입니다. 40억 년에 걸친 지구
생명체의 장대한 이야기 속에 여러분의 모든 조상들이 담겨 있습니다.
그 이야기는 여러분의 세포 속 유전자 안에 숨어 있었지만, 이제 우리는
DNA를 관찰하여 이야기를 들려줄 수 있게 되었습니다. 여러분은 걸어 다니는
역사책이에요!

과학과 역사의 가장 좋은 점은 끝이 없다는 것입니다.

우리는 끊임없이 새로운 질문을 던지면서 새로운 것을 찾고, 오래된 뼈와 우리가
몰랐던 DNA 조각을 새롭게 발견하고, 전 세계에 퍼져 있는 새로운 친척을 찾고,
다른 사람들의 문화, 전통, 역사에 대해 배우고 있습니다.

우리는 진화와 지구 생명체에 관한 이야기뿐만 아니라 과학이 어떻게 역사상
가장 끔찍한 행위의 배경이 되었는지에 대한 역사를 배웠습니다. 우리가 모두
사실에 근거한 교육을 받지 않는 한, 출신에 대한 오해와 편견, 그리고 이러한
편견이 퍼뜨리는 고정 관념은 계속해서 불평등과 불공정을 만들고,
우리 사회를 약하게 만들 것입니다!

> 가장 똑똑한 사람은 가장 많이 아는 사람이 아니라 흥미로운 질문을 하는 사람이라고 생각합니다.

과학은 단순히 아는 것에 그치지 않습니다. 무언가를 알아내는 것이죠. 그래서 여러분의 참여가 필요합니다. 새로운 것을 알아내야 이야기가 계속 이어집니다. 이 책에서 제가 말씀드린 것 중 일부는 오래전부터 알려진 사실입니다. 또 일부는 올해 발견되었습니다. 내년에는 더 많은 발견이 이루어져서 이야기가 다시 바뀔 것이고, 언젠가 여러분이 과학자가 되어 제 말을 바로잡아 줄 수도 있을 거예요! 아니면 에마처럼 작가가 되거나 애덤처럼 일러스트레이터가 될 수도 있겠지요. 하지만 무엇을 하든 새로운 질문을 받았을 때 할 수 있는 가장 좋은 말은 **"모르겠어요. 하지만 알아내도록 노력하겠습니다."** 라는 것을 기억하세요!

세상은 복잡한 곳입니다. 정말 아름답고 놀라운 곳이며, 멋진 사람들과 경이로운 자연으로 가득합니다.

하지만 해결해야 할 문제도 아주 많습니다. 인종 차별도 그중 하나예요. 이제 우리는 과학이 차별주의자의 친구가 아니라는 것을 알고 있습니다. 인종이나 성별에 대한 고정 관념과 편견이 어디에서 왔는지에 대한 지식으로 고정 관념과 편견을 해체할 수 있고, 과학이 실제로 무엇을 말하는지에 대한 지식으로 해로운 생각을 무너뜨릴 수 있습니다.

거짓말은 하지 않겠습니다.
우리에게는 기후 위기, 동식물의 멸종,
빈곤과 질병 등 해결해야 할 다른
문제들도 많습니다. 이것은 우리 모두에게
영향을 주는 커다란 문제입니다. 하지만
우리가 더 많은 과학과 역사를 공부하고,
창의적으로 생각한다면 이러한 문제를 해결할
수 있습니다. 우리는 새로운 기술을 발명하고,
새로운 이야기를 만들고, 새로운 그림을 그릴 수 있으며,
인류의 일원으로서 우리 가족뿐만 아니라 세계사를 통해 우리가 어디에서
왔는지를 더 잘 이해할 수 있습니다.

이런 방법으로 다음 세대를 위해 더 나은 세상을 만들 수 있습니다.
바로 여러분 스스로 말이에요. 미래에는 여러분의 자녀가 생길 수도 있겠죠.
그리고 그들의 자녀들의 자녀들이 미래로 계속 이어집니다.

이 책에서 우리는 수십억 년, 수백만 킬로미터, 수천 세대에 걸쳐 인류가
어디에서 왔는지 알아내기 위해 엄청나게 길고 장대한 여정을 걸어왔습니다.
그래서 다음 질문은 훨씬 더 중요합니다.

다음에는 어디로
갈 것인가?

이제 여러분에게 달려 있습니다.

용어 알아보기

물질대사: 음식물을 에너지로 바꾸는 화학 반응 과정이에요.

반향 위치 측정: 돌고래, 박쥐 등의 동물이 소리를 사용하여 물체를 '보는' 것을 말해요.

백악기: 1억 4500만~6600만 년 전까지의 시기로, 거대한 운석이 지구에 떨어지고 공룡이 사라진 시기입니다.

분류: 동물과 식물을 유사성에 따라 그룹으로 배열하는 방식입니다.

빅뱅: 별, 행성 등 물질이 어떻게 만들어졌는지 등 기본적으로 모든 것을 설명하는 과학적 이론입니다.

삼엽충: 5억 2100만~2억 5000만 년 전에 살았던 해양 절지동물입니다. 2만 종 이상의 다양한 종이 발견되었습니다.

세포: 동물이나 식물 등 생물의 가장 작은 단위를 뜻해요.

세포막: 세포의 외부를 둘러싸고 있으며, 지질 분자로 이루어진 얇은 층입니다.

암모나이트: 수백만 년 전에 바다에 살았고, 나선형 껍데기를 가진 멸종된 생물군입니다.

영장류: 원숭이, 유인원, 인간을 포함하는 포유류 그룹에 속하는 동물입니다.

유기체: 살아 있는 모든 생물체를 의미합니다.

유인원: 호미니드과를 설명하는 또 다른 방법이에요. 침팬지, 오랑우탄, 고릴라, 보노보 등 살아 있는 모든 유인원이 여기에 포함됩니다.

이중 나선: DNA 분자의 모양입니다. 사다리를 병뚜껑처럼 둥글게 비틀어 여는 모습을 상상해 보세요.

적응: 생물이 환경에 맞게 생존하거나 더 성공적으로 번식하기 위해 변화하는 방식이에요.

절지동물: 겉은 딱딱한 껍데기를 가지고 있고 몸 안에는 뼈가 없는 동물입니다.

중생대: 지구가 바다로 둘러싸인 하나의 거대한 육지에서 여러 지역으로 분리된 시기(2억 5200만~6600만 년 전까지)를 말해요. 이 시기에는 공룡이 지배적이었어요.

쥐라기: 2억 130만~1억 4500만 년 전까지의 시대로, 공룡이 번성하고, 포유류가 출현한 시기입니다.

지역 적응: 그들이 사는 곳 때문에 진화한 적응을 말해요. 북극곰은 눈에서 살기 때문에 몸이 하얗습니다. 이누이트족은 생선을 많이 먹으며 진화해 왔기 때문에 그들의 몸은 생선을 전혀 먹지 않은 조상을 둔 사람들보다 더 효율적으로 음식을 처리하도록 적응했어요.

트라이아스기: 2억 5200만~2억 130만 년 전까지의 시기입니다. 이 시기에는 수많은 동물이 진화했지만, 약 2억 1000만 년 전 거대한 화산이 폭발하면서 모든 종의 90퍼센트 이상이 사라지는 대멸종이 일어났습니다.

틱타알릭: 멸종된 어종입니다. 약 3억 7500만 년 전에 살았고, 닥스훈트 정도의 크기로 공기 호흡은 물론 수중 호흡도 가능했습니다.

호모 사피엔스: 현생 인류의 마지막 종, 즉 우리예요!

호모 에렉투스: 약 200만 년 전부터 존재했으며 약 10만 년 전까지 지속된 멸종된 인류의 한 종입니다. 우리는 그들이 우리의 조상이라고 생각하지 않아요.

호모 플로레시엔시스: 인도네시아 플로레스섬에서 발견된 멸종된 인류의 한 종입니다. 큰 발을 가진 작은 사람들이었기 때문에 '호빗'이라는 별명이 붙었어요.

초판 1쇄 인쇄 2024년 12월 26일
초판 1쇄 발행 2025년 1월 7일

글 애덤 러더퍼드 **번역** 안주현
펴낸이 김선식

부사장 김은영
어린이사업부총괄이사 이유남
책임편집 최방울 **디자인** 양X호랭 DESIGN **책임마케터** 최다은
어린이콘텐츠사업4팀장 강지하 **어린이콘텐츠사업4팀** 남정임 최방울 최유진 박슬기
마케팅본부장 권장규 **마케팅3팀** 최민용 최다은 안호성 박상준 김희연
미디어홍보본부장 정명찬 **제휴홍보팀** 류승은 이예주
편집관리팀 조세현 김호주 백설희 **저작권팀** 성민경 이슬 윤제희
재무관리팀 하미선 김재경 임혜정 이슬기 김주영 오지수
인사총무팀 강미숙 김혜진 이정환 황종원
제작관리팀 이소현 김소영 김진경 최완규 이지우 박예찬
물류관리팀 김형기 김선민 주정훈 김선진 한유현 전태연 양문현 이민운

펴낸곳 다산북스
출판등록 2005년 12월 23일 제313-2005-00277호
주소 경기도 파주시 회동길 490 **전화** 02-704-1724 **팩스** 02-703-2219
홈페이지 www.dasanbooks.com **블로그** blog.naver.com/dasan_books
다산어린이 공식 카페 cafe.naver.com/dasankids **다산어린이 공식 블로그** blog.naver.com/stdasan
종이 한솔PNS **인쇄 및 제본** 상지사 **코팅 및 후가공** 제이오엘앤피

ISBN 979-11-306-6076-9 (43400)